저
바
다
에

고
래
가
있
어

# 저
# 바
# 다
# 에
# 고
# 래
# 가
# 있
# 어.

해양 포유류 사체가
우리에게 전하는 메시지

다지마 유코 지음 | 이소담 옮김 | 이영란 감수

북트리거

**일러두기**

1. 해양 포유류의 이름은 국립수산과학원 수산생명자원정보센터(nifs.go.kr/frcenter/main.html)의 생물종 이름 및 손호선·최영민·이다솜의 논문 「한국어 일반명이 없는 고래 종의 영어 일반명에 대한 번역명 제안」(한국수산학회지, 49권 6호, 2016, pp.875~882)을 참고했다.

2. 옮긴이의 설명은 모두 각주로 처리하였다.

3. 한국어판에는 원서에 없는 한국 관련 에피소드가 297쪽에 추가되었다.

# 감수의 글


나의 친구 다지마 유코 씨는 고래를 부검하고 연구하는 수의사다. 나도 하는 일이 비슷하지만 조금 더 굴곡이 있다. 반려동물 수의사에서 고래 쪽으로 진로를 바꾼 때가 2009년, 야생의 해양 포유류를 부검하고 연구하는 국내 최초의 수의사가 되었다. 기본적인 수의학적 지식 외에는 해양 포유류에 대한 전문 지식이 모자랐는데, 국내에는 배울 사람도, 자료도 없었던 때라 국외 자료나 전문가의 도움을 많이 받으면서 다지마 씨와 인연이 시작되었다.

나는 울산 고래연구센터 소속으로 다지마 씨를 강사로 초청하여 상괭이 해부에 대한 강연을 들으며 보조했는데, 차분한 이미지의 수려한 얼굴에서는 상상하기 어려운 섬세하고도 빠른 칼 놀림에 그만 홀딱 반해 버리고 말았다. 그는 이미 대학원 시절부터 부검과 병리 연구를 시작했고 졸업 후에도 한길만 걸었으니 나와는 이미 비교도 되지 않을 전문가였다. 열심히 물어보고 배웠다. 우리는 몇 가지 공통점이 있었는데, 고래를 무척 좋아한다는 것과 왜 죽었는지에 관심이 많다는 점, 그리고 노래방을 좋아한다는 것 등이다. 나가사키대학 수산학부에서 개최한 좌초 상괭이 해부 행사에서 '부패한 고래류의 소름 끼치도록 강렬한 냄새'도 함께 경험했다.

일본은 한국보다 육지 면적이 3배가 더 넓고, 영해라고 불리는 해양의 면적은 무려 10배가 넘는다. 태평양과 인접해 있어 발견되는 고래 종도 한국보다 훨씬 다양하고 수도 많다. 무엇보다 고래 연구에 있어 한국보다 많이 앞서 있다. 다지마 씨의 책 속에는 대왕고래, 향고래, 귀신고래, 부리고래 등 일본에서 좌초된 다양한 고래 이야기가 나온다. 그리고 고래가 발견되었을 때 지방자치단체와의 협력, 박물관과 수족관 들의 연구 참여, 그리고 이를 뒷받침해 주는 일본의 연구 인프라도 묘사된다. 다양한 고래를 연구해 볼 수 있는 자연환경과 시스템을 보며 한국도 이런 연구를 일찍부터 할 수 있었으면 좋았겠다고 부러워했다.

한반도 주변에도 해양 포유류가 많이 살고 있다. 한국에는 현재까지 35종의 고래가 발견되었는데, 동해에 참돌고래와 낫돌고래, 남서해에 상괭이, 제주에 남방큰돌고래, 그리고 수염고래 중 밍크고래가 주를 이룬다. 기각류(다리가 지느러미로 변한 수생 포유류)는 점박이물범, 물개, 큰바다사자 등 3종이 관찰되며 캘리포니아바다사자와 외형이 흡사한 독도강치는 일제강점기에 멸종했다. 우리 바다에서 좌초되는 고래의 수는 일본보다 훨씬 많다. 그러나 어업을 위한 그물에 걸려 죽은 후 떠밀려 온 상괭이가 대다수를 차지한다.

한국은 2009년에 고래 부검을 처음 시작했다는 부분에서 독자들이 많이 놀랐으면 좋겠다. 그리고 궁금해했으면 좋겠다. 우리나라는 어떨까? 한국에도 이런 고래들이 좌초되고 그 원인을 찾으려는 사람들이 있나? 전문가로서 답해 드리자면, 있다. 그 일을 주업으로 삼고 사는 사람들이 나를 포함하여 약 5명 정도 된다. 거기에 본업은 아니지만 기회가 될 때마다 참여하는 사람들까지 하면 10명 정도 된다. 일본의 인프라나 전문가 수에 비하면 여전히 충분한 고래류를 부검·연구하고 있다고 할 수는 없지만 2009년 혼자 하던 때에 비하면 큰 발전이다. 게다가 최근에는 10미터 이상의 대형 고래 부검도 이루어졌다. 2020년 참고래, 2023년 보리고래, 이렇게 두 번이다. 한국의 고래 연구도 무럭무럭 성장하고 있다.

좌초한 고래를 부검하는 이유는 왜 죽었는지를 알기 위해서다. 신체의 모든 부분을 관찰하고 열어 보고 필요한 경우 실험실에서 심화 검사를 한다. 물론 책 내용처럼 그래도 왜 죽었는지 알 수 없는 경우가 많다. 그렇다 해도 우리는 그 종에 대한 소중한 정보를 얻을 수 있고, 바다의 상태를 알 수가 있다. 먹이가 되는 해양생태계가 바뀌었는지, 해양 쓰레기가 점령했는지, 육지에서 오염물질이 너무 많이 내려오지는 않는지 등이다. 대왕고래의 배 속에서 발견된 플라스틱은 우리에게 많은 시사점을 준다.

책을 통해 만나는 다지마 씨가 우리에게 알려 주듯이 우리 모두 사회의 여러 분야는 물론, 환경과 생명, 지속 가능한 미래에 깊은 관심을 가져야 하는 시대에 살게 되었다. 나 역시 해양 보전을 목표로 하는 비영리법인과 연구소를 세우고, 많은 협조와 지원을 구하며 갑자기 신고되는 좌초 고래 부검도 열심히 한다. 정신없는 와중에 우리가 고래를 왜 보전해야 하냐는 질문에 답해야 할 때가 있다. 이런 질문을 받으면 그동안 지구 환경 과학자들이 흔히 대답하듯이, 탄소를 흡수하여 기후변화에 대응할 수 있게 한다거나, 지구에 필요한 산소를 만드는 플랑크톤 개체 수를 늘리고, 생태계의 균형을 유지시키기 위해서라는 교과서적인 대답을 한다. 그러면 고래가 없어질 경우 당장 인간이 어떤 피해를 직접적으로 받는지에 대해 질문이 이어진다. 이때는 답변을 잠시 멈칫하게 되는데, 아마도, 나는 '인간이 고래한테 주는 피해'만 너무 많이 보기 때문인 것 같다.

누구보다 고래를 사랑하고 지키고 싶어 부패한 고래의 혈액과 체액에 몸을 적시는 일도 마다 않는 다지마 같은 사람들, 그들이 지금 바로 눈에 보이는 큰 변화를 이루어 내지 못할 수도 있다. 이 책은 막연히 고래를 동경했던 이들, 고래와 함께하는 직업을 꿈꿨던 이들에게 아직 밝혀지지 않은 심해의 비밀을 알려 줄 것이다. 그렇게 많은 이들이 흥미롭게 고래를, 바다를, 지구를 사랑하게 되면 비로소 조금씩 변하는 세상이 오지 않을까.

― 이영란(사단법인 플랜오션 대표이사)

◆ 차례 ◆

# 여는 글

"뭐라고? 지금 향고래 때문에 구마모토에 있다고? 꼭 지금이어야 해?"

전화 너머로 걱정하면서도 어이없는 감정이 뒤섞인 가족의 목소리가 들린다.

"당연히 지금이 아니면 안 되지. 지금 이걸 불필요하고 급하지 않은 일이라고 하면 박물관인으로서, 또 연구자로서 내 존재 자체가 필요 없어진단 말이야!"

2020년 3월 말, 전 세계가 유례없는 팬데믹 제1차 대유행으로 소란한 가운데, 나는 구마모토현 아마쿠사시 혼도항에 있었다. 하루 전에 거대한 향고래가 만 안쪽 얕은 여울에 좌초해 폐사하여 내가 근무하는 국립과학박물관 쓰쿠바 연구시설(이바라기현 쓰쿠바시)로 조사 협조 요청이 왔다. 마침 일본에서 최초의 긴급사태선언 발령을 검토하기 시작한 시기였다.

감염 예방을 철저히 했으나 솔직히 보이지 않는 바이러스의 위협은 불안했다. 그래도 내게는 사명이 있었다. 참고로 박물관 운영에 관련한 사람들은 책임감과 자긍심을 지니고 자기 자신을 '박물관인'이라고 부르곤 한다.

고래 같은 해양생물이 얕은 여울로 올라와 옴짝달싹 못 하거나 해안으로 떠밀려 오는 현상을 '좌초(stranding)'라고 한다. 그런 광경을 텔레비전 뉴스에서 본 적 있는 사람도 있을 것이다.

좌초는 절대 드문 일이 아니다. 고래나 돌고래 같은 해양 포유류(해양동물)만 해도, 일본에서는 연간 300건 정도의 좌초 사건이 발생한다. 즉 매일같이 일본 어딘가의 해안에 고래나 돌고래가 떠밀려 온다는 뜻인데, 대부분 바다에 돌아가지 못하고 목숨을 잃는다. 사체인 상태로 좌초되는 경우도 많다.

그런 해양 포유류의 사체를 부검해 사인(死因)이나 좌초의 이유를 밝히는 것, 또 100년 후나 200년 후에도 남을 박물관 표본으로 보관하는 것이 지금 내가 하는 일이다.

커다란 짐을 짊어지고 혼도항에 도착하자, 항구는 구경하러 온 사람들로 북적였다. 사람들이 바라보는 저 앞에, 바다로 흘러가지 않도록 몇 개의 로프로 붙잡아 매어 놓은 거대한 향고래가 누워 있었다.

"정말 큰 녀석이네!"

관계자의 이야기에 따르면, 몸길이 16미터에 추정 몸무게는 65톤. 몸길이는 '나라현의 명물인 도다이지(東大寺)의 거대한 청동 불상' 높이와, 몸무게는 대형 아프리카코끼리 약 10마리분과 맞먹는다. 지방자치단체와 연구 팀만으로는 도저히 대처할 수 없었기에 국립과학박물관에도 연락이 온 것이다.

우리도 이 정도로 큰 향고래를 조사할 기회는 거의 없다. 당장이라도 조사를 시작하고 싶었지만, 그날이 일요일이어서 본격적인 조사는 하루 더 기다려야 했다.

다음 날, 날이 밝은 뒤 기중기로 들어 올려 확인한 향고래는 체형이 아주 멋진 수컷 개체였다. 그러나 황홀해할 여유는 없었다. 우리에게 주어진 시간은 고작 단 하루뿐, 하루 안에 이 거대한 고래를 부검해 최대한 표본을 채집해야 했다.

"그럼 여러분, 시작합시다!"

우리는 일제히 조사를 시작했다.

\*\*\*

나는 20년 넘게 국립과학박물관에서 이런 활동을 해 왔다. 그동안 조사 해부한 개체 수는 모두 2,000마리가 넘는다. 일반인을 초대한 이벤트에서 동료가 "다지마 씨는 세계에서 제일 많이 고래를 해부한 여성입니다!"라고 소개하곤 하는데, 솔직히 세계 제일인지는 모르겠다. 그래도 일본 국내 여성 중에서는 단연코 1등이리라 자부한다. 조사나 연구에 몰두하다가 정신을 차리고 보니, 티끌이 쌓이고 쌓여 산이 되어 있었다고 할까. 하여간 홋카이도 해안에 물개가 떠밀려 왔다고 하면 날아가서 조사하고, 근처 해안에서 돌고래 사체가 발견되었다고 하면 혼자 회수하러 가는 일도 종종 있다.

이런 일도 있었다. 어느 해안에서 몸길이가 2미터 조금 안 되는 상괭이(소형 돌고래) 사체가 발견되었다고 지역 수족관에서 연락이 왔다. 수족관 스태프가 "현장 근처에 잘 포장해서 놓아둘 테니 나중에 회수하러 와 주세요."라고 말했다.

경험상 2미터에 못 미치는 상괭이라면 혼자서도 차에 실어 데려올 수 있다. 게다가 이미 포장이 된 상태라면 운반하기 편하게 수족관 분들이 끈의 위치 등을 잘 조정해 주었으리라 짐작했다. 비교적 가까운 곳이기도 해서 렌터카를 타고 혼자 현장으로 향했다.

차에서 내려 바닷가를 바라보니, 인적 없는 넓은 모래사장에 푸른 비닐에 싸인 물체가 오도카니 놓여 있었다. 분명 저거다. 이런 광경을 볼 때마다 가슴 한쪽이 한없이 먹먹해진다. 왜 떠밀려 왔을까. 요즘은 특히 눈물이 많아졌는지, 눈물이 글썽글썽 맺히기도 한다.

그러나 상괭이에게 접근해 실물을 보자마자 또 다른 이유로 놀라서 눈물이 쏙 들어갔다. 몸길이는 분명 2미터에 못 미쳤는데 몸높이가 이상하게 거대했다. 임신했을 가능성도 있는데, 그러면 태아의 체중도 더해지니 무게가 꽤 나가게 된다.

들어 보려고 몇 번인가 시도했으나 도저히 혼자 자동차 트렁크에 싣지 못할 것 같았다. 이거 큰일인데, 하고 망연자실하고 있는데 멀리서 이쪽으로 걸어오는 두 여성이 보였다. 하늘에서 내려온 천사였다.

"죄송합니다! 저기, 잠시만 도와주시겠어요?"

두 손을 흔들며 외쳤다. 무슨 일인가 싶어 달려와 준 두 사람에게 국립과학박물관 사원증을 보여 주고 부탁했다.

"저기 이 해안에 돌고래가 떠밀려 와서 박물관으로 데리고 가야 합니다. 자동차 트렁크에 넣고 싶은데 예상보다 너무 커서 저 혼자서는 도저히 들 수 없어서요…. 혹시 도와주실 수 있을까요…"

처음에는 두 사람 다 나를 의심하는 것 같았다. 지금 생각해도 깔끔하게 포장된 2미터 안 되는 물체를 보면 사람 사체를 연상했어도 이상할 게 없다. 나는 필사적이었다.

"아, 여기 포장된 건 맹세코 이상한 게 아니에요. 이 해역에 서식하는 상괭이라는 돌고래의 일종이에요. 그러니까 버블 링(거품 고리)을 만드는 걸로 유명한…. 정말이에요. 왜 죽었는지 조사해야 하니까 꼭 박물관으로 옮기고 싶어요." 나는 속사포로 설명했다.

그러자 두 사람 중 한 명이 상괭이의 이름을 듣고 "그러고 보니…" 하고는 떠밀려 온 사체를 본 적이 있다고 했다. 상괭이의 인지도 덕택에 경찰에게 끌려가는 일 없이 무사히 개체를 회수할 수 있었다.

\*\*\*

고래나 돌고래를 비롯해 물범, 듀공, 매너티 같은 해양 포유류는 우리 인간과 같은 포유류다. 다만 진화의 긴긴 역사를 거쳐 마침내 바다에서 나와 육상 생활을 시작했음에도 불구하고 다시 바다로 돌아갔다.

그들은 어째서 육지를 버리고 바다를 선택했을까.
바다 생활에 적응하기 위해 어떤 진화를 거쳤을까.
또 어째서 해안가에 떠밀려 오는가.

드넓은 바다에서 살아가는 해양 포유류는 육상 포유류와 달리 조사 자체가 어려워서 생태나 진화에 관해 여전히 알려지지 않은 부분이 많다. 그렇기에 나는 사체 하나하나에서 들려오는 목소리에 각별하게 귀를 기울인다.

이 책에서 나는 20년간의 연구 생활을 바탕으로 해양 포유류의 생태를 소개하고, 좌초 현상의 수수께끼에도 할 수 있는 한 가까이 다가가 보려 한다.

1장에서는 해양동물학자의 어떤 의미에서 기묘한 연구 생활을 다루고, 2~3장에서는 평생 한 번 있을까 말까 한 대왕고래와의 귀중한 만남, 고래의 신비롭고 영리한 생활사, 고래들의 좌초 이유, 현장에서 사인을 찾아내는 방법 등을 소개했다.

4~6장에서는 돌고래 수영법의 비밀과 범고래가 개최하는 맞선 파티, 물범과 물개의 구분법, 듀공과 매너티의 채식주의 생활 등

해양 포유류들의 지혜로운 생활사를 다양하게 알아보았다. 마지막 7장에서는 사체가 가르쳐 준 지구환경의 현재 상황과 변화도 소개했다.

조사 현장에 서면 늘 생각한다.

왜 이 고래는 죽어야만 했는가.

우리 인간의 생활이 고래의 사인에 영향을 미치는가. 그렇다면 우리가 해야 할 일은 무엇인가.

그 대답을 찾기 위해 나는 매일매일 고래를 해부한다.

이 책이 여러분에게 해양 포유류들의 넘칠 듯한 매력과 동물들의 사체에서 내가 들은 메시지를 전달해 줄 수 있다면 기쁠 것이다.

– 다지마 유코

◆ 1장 ◆

# 해양동물학자의 땀투성이 나날

## 산처럼 쌓인 물개와의 만남

어느 날, 여러모로 신세를 지는 수족관의 수의사가 왠지 미안함이 가득한 목소리로 연락을 했다. 무슨 일인지 묻자, "사육하던 중에 죽은 물개들의 사체를 냉동고에 줄곧 보관해 왔는데 정년퇴직 전에 처분해야 해서요. 어쩌면 좋을까요?"라고 하지 뭔가.

나는 즉시 대답했다.

"꼭 저희에게 보내 주세요!"

물개 사체를 원하는 인간이 세상에 그리 많지 않겠지. 하지만 내게는 꿈에도 그리던 보물이다.

내가 근무하는 일본 국립과학박물관(흔히 줄여서 '과박'이라 부른다)은 각종 생물 표본을 보관하고 전시한다. 내 전공인 해양 포유류만 해도 150종에 8,000개체의 표본이 있는데, 당시에는 물개 같은 '기각류'는 표본이 부족해서 마침 수를 늘리고 싶던 참이었다.

기각류(鰭脚類)란, 바다에 서식하는 포유류 중에서 '물갯과', '물범과', '바다코끼릿과' 3개 과로 구성된 동물군이다. 물개는 당연히 '물갯과'에 속한다. 수족관에서 귀여운 곡예를 선보이며 관객을 사로잡는 인기 만점 물개지만, 그들도 언젠가 죽음을 맞이한다. 그들의 죽음이 무의미하지 않도록 하려면 사체가 간직한 귀중한 정보를 조사해 표본과 함께 미래를 위해 남겨야 한다. 이것은 박물관의 중요한 사명 중 하나이자, 나와 수족관 수의사가 가장 원하는 일이다.

수의사는 내 제안을 듣고 무척 기뻐했다. 지금 당장 물개 사체를 이바라키현 쓰쿠바시의 박물관 연구시설로 데려오고 싶었지만, "그럼 내일 트럭을 몰고 받으러 갈게요!"라고 할 수 없는 것이 어류나 곤충과의 차이점이다.

물개는 일본에서는 '해달·물개 사냥단속법'(1912년 공포)으로 관리되는 동물종이어서 수족관에서 사육하거나 다른 기관으로 양도하려면 수산청의 허가를 받아야 한다. 사체도 예외는 없다. 그 당시에도 이 법에 따라 사무 절차를 진행했고, 결국 두 달이 지나서야 마침내 물개 양도를 허가받을 수 있었다.

수의사가 20년 넘는 세월 동안 수족관 냉동고에 보관한 물개 사체는 무려 100개체 이상이었다! 예상을 뛰어넘는 숫자에 몹시 흥분한 것도 잠깐, 제일 큰 개체의 몸길이가 2미터나 되니 국립시설인 과학박물관이라도 전부 받아들일 만큼 냉동고에 여유가 없다는 현실을 깨달았다. 어쩔 수 없이 일부를 포기했지만, 그래도 80개체 정도를 받을 수 있었다.

물개를 산더미처럼 실은 트럭이 과학박물관 쓰쿠바 연구시설에

물개를 실은 트럭 도착.

줄지어 들어오는 광경은 장관이었다. 그 모습을 보면서 "좋았어, 이제부터 어떻게 활용할까?" 하고 기대감에 가슴이 부풀었다. 물개는 고래류와 달리 피모(모피)가 있으므로 사체 하나에서 모피와 골격의 두 가지 표본을 얻을 수 있다. 우리는 이를 '양득 표본'이라고 부른다.

　물개가 계속 냉동고를 점거하게 둘 수는 없었다. 2미터급 대형 개체를 우선 처리하고, 모피가 무사한 개체는 박제(박제표본)로 만들기로 했다. 물론 우리 박물관 스태프가 직접 제작하기로 했다.

# 드디어 물개 '박제'를 제작하다!

다른 일에 쫓기다 보니 시간이 빠르게 흘러, 물개 박제를 만들기 시작했을 때는 이미 들여오고 두 달이 지난 후였다. 사실 핑계를 만들어 나중으로 미룬 면도 있다. 물개 정도로 커다란 동물의 박제 제작은 엄청난 중노동이어서 '오늘이야말로 반드시 하고 말겠어!'라는 강한 의지를 품고 임하지 않는 한, 도중에 기가 꺾여 포기하게 된다. 게다가 물개 같은 기각류는 피하에 풍부한 지방층이 있어서 피모를 벗기는 작업이 육상 포유류보다 훨씬 고되다.

동물 박제는 용도에 따라 크게 두 가지로 구분한다. 살아 있을 때의 모습(생태)을 표현한 박제는 '본박제'로 박물관처럼 공개된 무대에 전시된다. 한편 우리 연구자들이 제작하는 박제는 전부 연구용으로, 이는 '가박제'라고 부른다. 어느 쪽이든 제작 첫 단계는 피모를 벗기는 것부터 시작이다. 따라서 물개의 모피를 벗겨야 하는데, 이때 일정한 기술이 필요하다.

전문 박제사에 따르면, '날붙이 넣는 부위를 최소한으로 해서 스웨터를 벗기는 것처럼 모피를 벗기는 게 요령'이라고 한다. 전문가는 역시 전문가여서 대단한 솜씨로 모피를 깔끔하게 벗긴다. 그런 기술이라면 물개도 저세상에서 이해해 주겠지. 이 정도로 달인이 되려면 다양한 개체의 박제를 경험하며 수년 동안 수행을 쌓아야 한다.

초보자는 해당 동물의 특징적인 부위(얼굴, 귀, 항문, 사지 등)에 상처를 내거나 일부를 잘라 내는 실수만은 하지 않으려고 세심한 주의를 기울이며 성실하게 작업을 진행하는 것만으로도 벅차다. 최대한 피모에 피부밑지방을 남기지 않는 것도 중요하다. 피모에 지방이 남으면 곰팡이가 발생하거나 벌레가 생길 가능성이 커서 공들여 만든 박제가 처참한 꼴이 될 수도 있다.

또한 피모를 벗기는 작업에는 체력과 끈기가 요구된다. 2미터급 대형 물개쯤 되면 피모를 벗기는 데만 반나절이 걸린다. 내내 같은 자세를 유지하며 메스로 피모를 벗기다 보면 손가락이 굽은 채로 펴지지 않거나 팔에 건초염이 생기기도 한다. 육상 포유류를 담당하는 박물관 동료는 이 작업을 하도 많이 해서 이른바 '테니스엘보'를 진단받았을 정도다. 목과 허리에도 큰 부담을 주어서 다음 날 전신 근육통을 각오해야 한다. 섬세한 작업이라 장시간 집중력이 필요하므로 정신적으로도 몹시 지친다.

그만큼 피모를 다 벗겼을 때의 성취감은 대단하다. 맥주로 건배하고 그대로 쓰러져 자면 딱 좋겠는데, 다음 작업이 기다리니 그럴 수도 없다.

벗긴 피모는 피부밑에 막소금이나 돌소금을 골고루 뿌리고 4℃ 실온에 며칠에서 일주일쯤 놓아둔다. 피부에 수분이 풍부하기 때문에 삼투압 작용을 이용해 최대한 수분을 제거해서 건조했을 때의 수축을 방지하기 위해서다. 나는 이 공정을 내 마음대로 '염장'이라고 부른다.

피모에서 충분히 수분이 빠지면, 이번에는 피모의 유연성을 유지시키기 위해 10퍼센트 명반액에 일주일쯤 담가 둔다. 이 처리를 '무두질'이라고 하는데, 박제 제작의 핵심 중 하나다. 명반액에 담근 뒤에는 드디어 봉합에 들어간다. 이 일련의 작업 공정을 거친 끝에 박제가 완성된다.

박제 제작을 생업으로 하는 전문가는 이 무두질 기술이 대단히 탁월하다. 프로니까 당연하지만, 나도 모르게 뺨을 비비고 싶을 만큼 부드럽고 완벽한 '무두질 모피'가 만들어진다. 귀부인이 입는 고급 모피 코트나 하라코(ハラコ, 태아 상태의 송아지 가죽) 구두와 비슷한 수준의 만듦새다.

우리가 똑같이 막소금을 뿌리거나 명반액에 담가 처리하면 보통은 뻣뻣하고 억센 박제가 나온다. 한길을 쭉 걸은 전문가란 하루이틀 사이에 완성되지 않는다는 것을 실감한다.

사실 우리가 만드는 박제는 연구용이어서 감촉이 조금 나빠도 모피의 상태나 동물의 특징만 유지되면 그만이다. 그런데도 박제 제작을 하다 보면 아무리 연구용이라도 털은 부드럽고 얼굴은 귀엽기를 바라며 작품성을 추구하게 되니 신기하다. 그런 사람이 나뿐만은 아니어서 연구자들 사이에서는 아끼는 인형을 자랑하는 아이들처럼 완성한 박제의 작품성을 자랑하는 게 일상이다.

물개 이외에 물범이나 바다사자, 해달, 북극곰 등 피모를 지닌

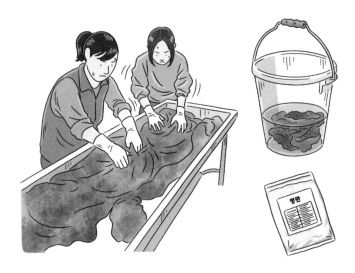

물개 가죽을 소금으로 문지른 뒤(왼쪽), 명반액에 담근다(오른쪽 위).

해양 포유류라면 박제를 제작할 수 있다. 한편 피모가 없는 돌고래나 고래, 듀공, 매너티는 박제로 만들기가 매우 어렵다. 작업은 할수 있으나 실물과 동떨어진 결과물이 나온다. 고래나 돌고래의 박제가 거의 존재하지 않는 이유도 이 때문이다.

## 표본은 박물관의 생명

국립 연구 박물관이 내세우는 주요 사명은 '표본 수집', '연구', '교육 보급'의 세 가지다. 이 중 제일 바탕을 이루는 것이 '표본 수집'

이다. 표본 없이는 '연구'나 '교육 보급'을 할 수 없다. 말하자면 식자재 없는 레스토랑, 학생 없는 학교나 마찬가지다. 박물관의 생명은 곧 표본이다.

하지만 해양 포유류는 표본을 모으기가 매우 어렵다. 꼭 필요한 조사나 연구가 목적이어도 인간의 사정 때문에 포획하거나 채취하는 건 쉽지 않다. 따라서 현재는 기본적으로 해안에 떠밀려 온 개체(좌초한 개체)를 표본이나 연구에 활용하는 것이 전 세계의 공통 인식이다. 그런 이유로, 국내 어딘가에서 고래나 돌고래의 사체가 좌초했다는 정보가 들어오면 모든 작업을 팽개치고 현장에 달려가야 한다.

이 밖에 공적으로는 구제(驅除) 활동으로 포획된 유해 동물 개체를 입수하거나 수족관에서 사육하던 폐사 개체를 얻기도 한다. 그래도 앞서 소개한 물개 사례처럼 한 번에 80개체나 되는 돌고래를 확보하는 경우는 웬만해서는 없다.

이제 "왜 그렇게 많이 필요하지?"라는 의문을 품는 사람도 있을 것이다. 평소에도 동물 한 종당 몇 개체의 표본이면 충분하지 않으냐는 질문을 받는다. 만약 그렇다면 내 일도 참 편할 것이다. 아쉽게도 몇 개체 수준은 연구 대상으로 턱없이 부족하다.

동물 한 종의 특징을 알려면, 최소한 30개체는 연구하고 조사해야 한다는 말이 있다. 해당 종의 특징이 되는 갈비뼈나 이빨 개수, 머리뼈 형태를 수치화한 평균치, 새끼를 낳는 연령, 수명, 성체의 평균 몸길이 같은 기본 정보 이외에, 그 종이 어떤 방식으로 살고 다른 생물과의 공통점이나 차이점은 무엇인지 이해하는 데도 정보가 많으면 많을수록 정확성이 높아진다.

거듭 말하지만, 표본이 될 해양 포유류와 만날 기회는 육상 포유류와 비교해 아주 적다. 그렇기에 귀중한 만남의 기회를 살려 최대한 표본을 회수하고 보관하려고 노력해야만 다방면으로 활용할 수 있다.

표본이라고 쉽게 말하지만 제작 방법에 따라 종류가 다양한데, 다음 세 가지가 대표적이다.

### ① 건조표본: 골격표본, 박제표본 등

건조표본에는 골격으로 이루어진 '골격표본'과 앞서 알아본 물개 사례처럼 피모를 벗겨 살아 있을 때의 모습을 재현하는 '박제표본' 등이 있다.

왜 이런 표본을 만드는지 예를 들어 설명해 보겠다. 향고래나 범고래의 골격표본이 있으면 갈비뼈나 골반뼈에서 이 동물들이 포유류라는 증거를 볼 수 있다. 한편 척추뼈나 목뿔뼈에서는 포유류이면서 그들만이 획득한 특수성을 볼 수 있다.

박제표본으로는, 예를 들어 물범이나 바다사자의 박제를 조사해 부모와 새끼의 털색이 다른 이유가 무엇인지 추적할 수 있다. 해달의 박제에서는 동물계 최고의 밀도를 자랑하는 털의 구조를 관찰

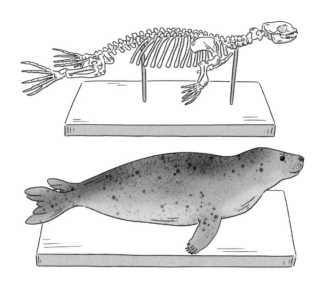

골격표본(위)과 박제표본(아래).

할 수 있다. 참고로 해달은 나이를 먹으면 인간처럼 머리부터 털색이 하얗게 센다. 이런 표본을 유체(새끼)부터 성체(어른)까지 수집해 나란히 놓고 비교하면, 지금까지 알아낸 기록이나 정보가 정확한지 확인할 수 있고, 그런 성과를 박물관에 전시해 사람들에게 알기 쉽게 보여 줄 수 있다.

② 냉동표본: 영하 80℃~영하 20℃로 보관하는 표본

인간 사회가 만들어 낸 화학물질은 환경오염물질, 내분비교란물질이 되어 생물을 위협한다(7장 참조). 그런 물질을 특정하기 위해

좌초한 개체의 근육이나 피부밑지방, 장기를 냉동해 전문기관에서 분석한다. 또한 바로 조사할 수 없는 좌초 개체는 일단 냉동해서 훗날 조사하는 사례도 많다. 과학박물관 냉동고에는 각종 동물 사체가 냉동 보관되어 그날이 오기를 기다린다.

### ③ 액침표본: 액체에 담가 보관하는 표본

박물관에는 분류학이나 계통학 전문 연구자가 많다. 해양 포유류도 표피나 근육을 99퍼센트 알코올에 담가 분류학이나 계통학의 관 내외 연구에 활용한다. 특정 생물이 '무엇을 먹는가', '몇 살에 새끼를 낳는가'와 같은 정보를 알아내는 연구도 기초 생물학적으로 중요하기에 위장에서 채집한 먹이생물의 잔재나 생식소를 액침표본으로 보관한다. 액침표본은 냉동표본으로도 보관할 수 있는데, 냉동기기를 쓰는 비용을 고려하면 영구적으로 보관하기는 어렵다. 따라서 상온 보관할 수 있는 액침표본은 상온에 둔다.

최근에는 3D나 CT 디지털 자료, 또 이를 3D 프린트한 것을 표본으로 다루는 경우도 늘었다. 시대의 흐름에 따라 표본의 종류와 형태도 달라진다.

## '고래 뼈 국물' 냄새에 찌들어 가며

수족관에서 양도받은 약 80개체의 물개 대부분은 '골격표본'으로 보관했다. 골격표본 제작은 '뼈 삶기'로 완성되는 아주 단순한 공정이다. 삶기 전에 골격에서 근육을 최대한 제거한 뒤, 용기에 물을 받아 무작정 삶으면 된다. 삶는 용기는 장시간 가열할 수 있는 것이라면 뭐든 괜찮다. 사골국물을 만들 때 쓰는 큰 냄비도 좋고, 스튜를 끓일 때 쓰는 슬로 쿠커(slow cooker)도 괜찮다.

조금 자랑하자면, 사실 과박에는 해양 포유류의 골격을 삶을 때 쓰는 비밀 병기가 있다. 특별 주문한 쇄골기라는 분이시다. 쇄골기는 원래 의학부에서 인간 골격표본을 제작하기 위해 개발한 장치라고 한다. 따라서 일반적인 가열기기와 달리 온도를 조절할 수 있고 뚜껑 개폐를 자동으로 제어할 수 있다. 게다가 과박의 쇄골기는 몸길이 5미터 전후인 큰이빨부리고래의 뼈까지 삶을 수 있게 설계된 것이 특징이다.

5년 전 내 전임인 야마다 다다스山田格 선생 덕분에 신규로 1대를 더 들여와, 현재 하나는 육상 포유류용, 다른 하나는 해양 포유류용으로 사용한다. 아주 귀중한 기기인데 우리는 평소 그냥 '냄비'라고 부른다. 앞으로 냄비라는 단어가 나오면 '아하, 그 특별 주문한 쇄골기구나'라고 생각해 주시기를.

자, 뼈를 삶으면 끝인 지극히 간단한 방법인데, 해양 포유류는

고압 온수 세척기로 씻으면 뼈는 본바탕이 드러나면서 점점 아름다워진다.

과정을 조금 더 거쳐야 한다. 처음에는 사람의 체온과 비슷한 온도 (37℃ 전후)로 1~2주쯤 삶아 동물단백질을 분해한다. 그 후 이번에는 지방 성분을 제거하기 위해 약 60℃ 전후로 온도를 올려 1~2주 동안 더 삶는다. 즉 뼈를 삶는 작업에만 최소 2주가 걸린다.

해양 포유류의 뼈는 뼈 내부에 해면질(스펀지처럼 부드러운 해면상 조직)이 많아 자그마한 구멍이 잔뜩 있다. 그 구멍에 유지 성분이 대량으로 쌓이기 때문에, 시간을 들여 삶아 뼈에서 유지 성분을 완벽하게 제거하는 것이 골격표본의 '질'을 높이는 비결이다. 유지 성분을 충분히 제거하면 삶은 물을 버리고 뼈를 꺼내 마지막으로 고압 온수 세척기나 브러시를 써서 씻는다. 자잘한 부위에 남은 근육이나 유지를 제거하는 과정이다.

나는 이 뼈 씻는 작업을 좋아한다. 씻다 보면 뼈 표면이 점점 더 예뻐지고, 담황색에서 크림색으로 바뀌어 아름다운 뼈의 본바탕이 드러난다. 그럴 때 정말 기쁘고 예술적인 미의식까지 느낀다. 동료가 말하기를, 고압 온수 세척기를 쓸 때 나는 호스를 잡는 법도 그렇고 허리를 쓰는 법도 그렇고 아주 완벽해서 "고압 온수 세척기의 전속 광고 모델이 될 수 있겠어!"라고 한다. 그런 말을 들으면 기분이 우쭐해서는 마지막 세척 작업을 솔선해 떠맡는다.

다 씻은 뼈는 상온 건조(바람에 쐬어 말리기)를 거치면 질감이 더욱 좋아져 아름답게 완성된다. 최근 골격표본의 아름다운 외형이나 우아한 자세가 미술적 관점에서도 주목을 받아 미술관이나 예술 관련 출판사에서 대여나 촬영 의뢰가 들어올 때가 있다. 내 견해가 틀리지 않았다는 증거일지도 모른다!

골격표본 제작은 쇄골기로 삶는 방법 외에 벌레(수시렁이 등)에게 연부 조직[1]을 먹게 하는 방법이나 적절한 곳에 연 단위로 매몰해 재발굴하는 방법도 있다. 과박에서는 더 훌륭한 골격표본을 만들기 위해 해외 사례 등을 참고해 에어레이션(aeration, 나노나 마이크로 거품이 나오는 장치를 냄비에 설치해 자잘한 거품과 함께 산소를 보내는 방법)

---

[1]     우리 몸에서 뼈를 제외한 조직, 즉 장기, 근육, 신경, 혈관, 림프관 등을 포함하는 조직을 말한다.

이나 유기물 분해 산소 등도 추가하여 골격표본 제작법을 개선해
왔다.

　그나저나 골격표본을 만들 때 '뼈를 삶는다'는 표현을 듣고 돼지
뼈를 끓여 만드는 일본식 라면 국물을 떠올리는 사람도 있을 것이
다. 스태프 사이에서도 신선한 고래 개체를 삶은 물이라면 고래 뼈
라면을 만들 수도 있겠다고 농담 삼아 말하곤 하는데, 신선한 개체
라도 냄새를 맡아 본 바로는 절대 맛있는 국물일 리가 없다. 게다가
부패한 개체를 삶은 물에서는 농담이라도 라면 국물 같은 소리는
못 할 정도로 지독한 냄새가 난다. 절대 입에 대면 안 된다고 경고하
는 냄새다.

　골격표본을 제작한 날은 머리 꼭대기부터 발끝까지 삶은 물의
냄새가 배어 버린다. 반드시 샤워하지 않으면 일상생활로 돌아가지
못한다. 그래도 부패가 진행된 개체를 부검할 때와 비교하면 그 정
도 냄새는 그리 대단치도 않다(45쪽 참조).


## 해양 포유류는 몸무게도 어마어마하다


　표본 제작은 체력전이기도 하다. 해양 포유류의 골격은 기본적
으로 전부 다 무겁다. 골격표본을 만들려면 그 무거운 골격을 냄비
에 넣고, 다 삶으면 냄비에서 꺼내 하나하나 깨끗하게 씻은 후 건조

할 장소까지 신중하게 옮기고, 건조가 끝나면 보관 장소까지 조심스럽게 옮겨야 한다. 이 일련의 작업에는 엄청난 체력이 필요하다.

액침표본을 운반할 때는 표본 무게에 액체 무게까지 더해지니 더 힘들다. 양손에 1개씩 20리터(20킬로그램)의 포르말린이 든 표본 용기를 들고 걷는 일이 일상다반사다.

트럭에 실려 온 좌초된 개체를 냉동고에 보관하는 작업도 대단한 중노동이다. 특히 2020년 이후, 신형 코로나바이러스 감염증 대책으로 여러 스태프가 모여 부검하는 것이 불가능해졌기에 한 사람의 부담이 늘었다. 얼마 전에도 몸길이 2.5미터인 돌고래 15개체를 몇 안 되는 인원이 냉동고에 쌓았다. 영하 20℃인 냉동고에서 진행된 작업은 추위와의 싸움이기도 해서 체력에는 자신 있는 나도 포기하고 싶었다.

여러분이 무얼 상상하든, 해양 포유류는 그 이상으로 무겁다. 물개가 수족관에서 재롱을 부리는 모습을 보면 여자 혼자서도 조금만 노력하면 안아 들 수 있을 것처럼 보인다. 그런데 놀라지 마시라, 물개의 무게는 스모 선수의 몸무게를 훌쩍 넘는다.

예를 들어 요코즈나[2]인 하쿠호 쇼白鵬翔는 키 192센티미터에 몸무

---

[2] 스모의 최고 등급 선수. 스모는 여느 격투기 종목과는 달리 몸무게로 체급을 구분하지 않고, 요코즈나·오제키·세키와케 등 실력에 따라 1~6단계의 등급으로 구분한다. 요코즈나에 오르면 영원히 그 지위를 유지하는데, 만약 최강의 기량을 발휘하지 못하면 은퇴해야 한다. 하쿠호 쇼는 2021년 9월 은퇴했다.

물개 1마리의 무게는 하쿠호 2인분!

게 158킬로그램인데, 몸길이 2미터인 물개는 약 300킬로그램이다. 하쿠호 두 사람분의 무게에 해당한다.

물개만이 아니라 해양 포유류는 대부분 몸무게가 어마어마하다. 물로 돌아가 중력에서 해방된 결과, 자기 힘으로 몸무게를 지탱할 필요가 없어서 육지에 있을 때보다 더 크게 성장할 수 있었기 때문일까? 몸길이 1미터인 해달도 다 크면 40킬로그램을 넘는다. 개로 치면 수컷 도베르만 정도다.

또 해양 포유류는 힘도 대단하다. 수족관에서 해달을 돌보는 사육사에게 들은 이야기인데, 해달과 놀다가 물속으로 끌려가서 생명의 위협을 느낀 적도 있다고 한다. 해달은 "같이 물에서 놀자." 하고 순진무구하게 매달린 걸 테지만 그 힘이 엄청나다고 한다.

해외 수족관에서는 바다코끼리를 담당한 사육사가 물속에서 달라붙는 바다코끼리를 뿌리치지 못해 익사한 사례도 보고된다. 바다코끼리의 몸무게는 1톤(1,000킬로그램)이 넘으니 베테랑 사육사도 목숨을 걸어야 한다.

그렇다면 지구에서 가장 큰 포유류인 대왕고래는 도대체 몸무게가 어느 정도인지 궁금하다. 대왕고래의 아래턱뼈 1개가 약 280킬로그램이라는 기록이 있다. 그러나 몸이 커도 너무 커서 전체의 정확한 몸무게를 측정한 기록은 사실 존재하지 않는다. 워낙 커서 몸무게를 한 번에 측정할 수 있는 기기가 없다. 참고할 만한 것으로는 포경이 성행한 시대에 절단한 고래 부위의 무게를 더해 산출한 수치가 남아 있다. 그에 따르면 몸길이 28~30미터 대왕고래가 150~190톤이라고 한다. 대형 아프리카코끼리가 7톤 정도이니, 아프리카코끼리 20~30마리 무게에 해당한다고 볼 수 있다.

과학적인 데이터가 모인 사례로는, 2018년에 나도 참가했던 일본 최초 대왕고래 좌초 조사가 있다(61쪽 참조). 이때 대왕고래는 생후 몇 개월 된 젖먹이 새끼였는데, 몸길이 10.52미터에 몸무게는 약 6톤으로 추정되었다. 매체 관계자들이 하나같이 입을 모아 "이렇게 큰데 생후 몇 개월밖에 안 된 새끼라고요!" 하며 놀라워했던 걸로 기억한다.

몸길이 10미터는 3층짜리 건물에 해당한다. 몸무게는 아프리카코끼리 수준이다. 그런데 젖먹이 새끼였으니 어미가 얼마나 클지 상상만 해도 아찔했다.


## 대형 고래는 장기 크기도 파격적이야!


　고래는 장기 크기도 상상을 초월한다. 캐나다 왕립온타리오 박물관에 전시된 대왕고래의 심장은 높이 1.5미터, 폭 1.2미터, 두께 1.2미터, 무게는 약 200킬로그램에 달한다. 이것은 2014년에 발견된 대왕고래 심장을 약 3년에 걸쳐 실물 크기의 플라스티네이션(Plastination) 표본(조직의 수분과 지방 성분을 실리콘 등 반응성 플라스틱으로 교체해 만드는 표본)으로 만든 것이다.

　대형 고래는 심장 이외의 장기도 스페셜 특대 사이즈다. 내 경험을 예로 들면, 16미터급 향고래를 부검했을 때 심장에서 몸으로 혈액을 보내는 대동맥이 소방차가 불을 끌 때 사용하는 호스 굵기와 비슷했다.

　장기를 수용하는 흉강이나 복강도 대충 2평 반 정도의 공간이었다. 디즈니 애니메이션 〈피노키오〉에서 제페토 할아버지를 삼킨 고래의 왕 몬스트로는 향고래(원작 소설에서는 상어)인데, 제페토 할아버지가 정말 고래 배 속에서 생활할 수도 있겠다고 생각할 정도로 공간이 거대했다. 만약 대왕고래였다면 타워 아파트 수준의 생

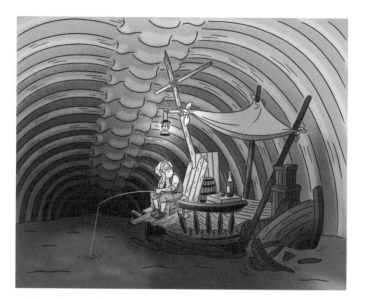

〈피노키오〉의 제페토 할아버지가 생활하는 것도 불가능하지 않은(?) 크기!

활이 가능하지 않았을까? 망상이 부푼다.

향고래라고 하면, 예전에 이런 일이 있었다. 해안에 좌초한 향고래의 머리 무게를 재려고 40톤까지 계측할 수 있는 기기를 갖춘 기중기를 준비했다. 이때 향고래는 성숙한 수컷으로, 몸길이 16미터에 몸무게 50~60톤(추정)이었다.

향고래는 몸통보다 머리 쪽이 압도적으로 큰 것이 특징인데, 그래도 머리만이라면 40톤을 측정할 수 있는 기중기 저울로 충분하리라 모두 생각했다. 그런데 세상에, 중량 초과로 측정 불가능. 기중기와 머리의 위치 관계에도 문제가 있었던 것 같은데, 머리 무게가 우리의 상상을 가뿐히 넘어섰다. 인간의 상상력이 얼마나 부족한지 깨달은 사건이었다.

대형 고래의 경우, 갈비뼈나 척추뼈 한 개라도 인간이 혼자서 운반하기 쉽지 않다. 그런 표본의 무게에 감탄하면서 동시에 이렇게 거대한 동물이 나와 같은 시대에 산다는 기쁨에 심장이 두근거렸다.

멸종한 공룡과 달리 지금 이 순간에도 거대한 고래들은 바닷속에서 분명 살아 숨 쉬고 있다. 커다란 갈비뼈를 움직여 폐호흡을 하고, 거대한 심장으로 굵직한 혈관을 통해 혈액을 순환하고, 커다란 척추뼈를 흔들며 유유하게 드넓은 바다를 헤엄친다. 여기에 어떻게 감동하지 않을 수 있을까.

한 명이라도 더 많은 사람이 박물관에 와서 진짜 고래의 뼈나 심장을 가까이에서 보고 얼마나 거대한지 체감해 준다면 기쁘겠다고 언제나 생각한다. 백문(百聞)이 불여일견(不如一見), 실물을 이기는 것은 없다. 심장 하나만 봐도 고래의 압도적인 크기를 실감할 수 있다. 박물관에서 표본을 전시하는 의의 중 하나가 바로 이것이다.

그러나 과박에는 대형 고래의 뼈 표본은 있어도 장기 표본은 아직 몇 개 없다. 가능하면 심장 등을 실물 크기로 제작해 보관하고 전시하고 싶은데 예산이나 장소의 문제로 고래처럼 커다란 개체의 장기 표본을 제작하기 어려운 것이 현실이다. 앞서 언급한 왕립온타리오박물관의 심장 표본 소식을 들었을 때는 분한 마음도 들었는데, 박물관인으로서 또 하나 목표가 생긴 순간이기도 했다.

# 좌초 현상은 갑작스럽게

우리 연구실은 매주 수요일에 스태프가 총출동해 박물관 업무를 한다. 박물관 업무란 표본과 관련한 작업이다. 표본을 제작하고 정리하고 관리한다. 본인의 연구와 관련 없는 표본이라도 박물관에서 보관·관리하는 표본이 방대하므로 수요일에 총출동해 그런 작업을 한다.

수요일이 아닌 날은 제각각 자유롭게 자기 연구나 업무에 전념한다. 나는 표본 제작과 관리, 연구 이외에 논문 집필이나 사무처에 제출할 서류 작성, 각종 데이터베이스 작업 같은 데스크 업무에도 시간을 투자한다. 그러는 틈틈이 회의에 참석하고 표본을 관찰하러 온 방문객을 응대하고, 또 미디어 취재에 응할 때도 종종 있다.

그러나 단 한 통의 전화로 그런 일상이 갑자기 달라진다. 좌초 소식이다. 좌초란 '여는 글'에서 설명했듯이 고래나 돌고래 같은 해양 포유류가 해안에 떠밀려 오는 현상이다(자세한 내용은 3장 참조).

좌초는 언제 발생할지 예측할 수 없다. 언제 어디에서 어떤 종류의 해양 포유류가 좌초할지, 보고가 들어오기 전까지 아무도 모른다. 학창 시절에 〈러브 스토리는 갑작스럽게〉[3]라는 제목의 드라마 주제가가 유행했는데, 그야말로 '좌초는 갑작스럽게'다. 스태프 중

---

[3]    1991년 후지텔레비전에서 방영된 〈도쿄 러브 스토리〉의 주제가다.

누군가 "요즘 좌초 연락이 안 오네."라고 말하면, 신기하게도 곧바로 전화가 울리는 징크스도 있다.

일단 좌초 보고를 받으면 즉시 모든 작업을 중단하고 좌초에 대처해야 한다. 좌초 조사는 시간과의 싸움이기 때문이다. 해양 포유류는 사체로 좌초할 때가 많은데, 시간이 지날수록 개체의 부패가 진행되어 부검이 어려워진다. 더욱 곤란한 것은, 사체로 좌초하거나 좌초한 후에 죽은 해양 포유류는 지방자치단체의 판단에 따라 대형 쓰레기로 처리해도 괜찮다는 점이다.

해안에 떠밀려 온 고래나 돌고래는 관심 없는 사람에게는 그냥 악취를 내뿜는 성가신 물체로 보이기 쉽다. 그러나 앞서 말했듯이 사체에는 귀중한 정보가 가득 담겨 있다. 하나라도 더 많이 회수해 조사하고 연구해야 좌초의 원인, 나아가 아직 밝히지 못한 생물의 기초 정보 등을 하나하나 해명할 실마리를 얻을 수 있다. 따라서 우리 연구실 스태프들은 사체가 대형 쓰레기로 처리되기 전에 그곳으로 날아가 조사할 채비를 갖춘다.

우선 '누가' 전화했는지에 따라 초기 대응이 크게 달라진다. 전화 상대는 다양하다. 좌초가 일어난 해안의 지방자치단체 직원, 박물관·수족관 스태프일 때가 많은데, 가끔 해안을 찾았다가 발견한 일반인이 직접 전화를 걸 때도 있다.

어느 쪽이든 상대방이 좌초에 관해 어느 정도 지식이나 경험이 있다면 일은 원활하게 흘러간다. 특히 박물관이나 수족관 스태프라면 이야기가 빠르다. 전화 통화만 해도 어떤 종이 어떤 상태로 해변에 떠밀려 왔으며 현재 어떤 상황인지 알려 주기에 어지간한 내용을 파악할 수 있다.

전화 상대가 일반인이라도 과박에 직접 전화할 정도면 대부분 좌초에 어느 정도 관심 있는 사람이다. 따라서 떠밀려 온 개체의 종류까지는 몰라도 개체의 대략적인 크기, 등지느러미 유무, 얼굴 특징 등을 물어보고 가능하면 개체의 사진을 메일로 보내 달라고 부탁한다. 그렇게 상당한 정보를 얻는다.

가장 섬세하게 응대해야 하는 사람은 지방자치단체 직원이다. 좌초가 자주 생기는 지역은 다르지만, 처음인 지역이라면 대형 쓰레기로 처리하지 말아 달라고 정중하게 설명하고 우리의 조사 활동에 협력해 달라고 요청한다. 자기소개를 겸해 오랜 세월 박물관 활동으로 좌초 개체를 조사해 왔다는 사실, 조사를 통해 무엇을 알 수 있고 왜 조사해야 하는지를 확실히 설명한다.

다행히 지역의 이해를 얻어 사진으로 종을 확인하고 현재 어떤 상태인지 파악하면, 그때부터 이번에는 머릿속으로 '좌초 주판알'을 튕기기 시작한다. 즉 예산 견적을 낸다. 그와 동시에 현지 조사를 갈 수 있는 사람의 목록(과박 스태프뿐 아니라 전국 네트워크를 통해 경험자에게 타진) 작성부터 조사 도구와 작업복 준비, 운반 방법, 비행기나 렌터카, 숙소 예약 등을 순간적으로 판단해 행동에 옮겨야 한다.

출발 전 준비는 말 그대로 전쟁터 같다. 오전 중에 전화를 받았는데 그날 밤에는 조사 현장 근처의 숙박 시설에 있는 경우도 흔하다. 그래도 최근에는 박물관의 차를 이용할 수 있어서 이동이 편해졌다.

내가 이 활동을 시작했을 무렵에는 현장까지 전철로 가는 것이 당연했다. 2001년 3월, 은행이빨부리고래가 동해 연안(일본 서쪽 해안)에서 일주일에 12마리나 좌초되었을 때도 조사 도구를 빵빵하게 담은 커다란 배낭을 메고, 두 손에 무거운 공구 상자와 양동이를 들고 손가락이 끊어질 것 같은 기분을 느끼며 만원 전철을 갈아타고 또 갈아타 찾아가야 했다.

우리도 힘들었지만, 같이 탄 승객에게도 이런 민폐가 또 있었을까. 연신 "죄송합니다"를 연발하며 이동했다. 야간 버스나 침대 열차로 이동하는 일도 드물지 않았는데, 이때는 짐을 들지 않아도 되니까 천국 같았다.

## 온천에서 일어난 괴상한 냄새 소동

현장에서 좌초 조사는 냄새와의 사투이기도 하다. 해안에 떠밀려 온 고래나 돌고래 사체는 시시각각 부패가 진행된다. 사후 얼마 지나지 않은 개체라면 가정에서 생선을 다듬을 때 경험하는 피비린내나 장기 냄새 수준이지만, 부패가 진행된 개체에서는 소름이 끼칠 정도로 강렬한 냄새가 난다.

"냄새 한번 지독하다."라고 중얼거리지만, 부검하려고 그 부패 개체와 일단 접촉하면 나도 똑같은 꼴이다. 전신에 냄새가 들러붙어 우리 역시 냄새의 발생원이 된다. 좀비에게 물리면 좀비가 되는 것과 같다.

사정이 이렇다 보니 일단 조사를 시작하면 중간에 현장을 벗어나는 일이 거의 없다. 감염 대책으로 마스크와 장갑을 끼고 음식물을 포함해 필요한 물건을 미리 준비하는데, 유일하게 회피할 수 없는 게 화장실이다.

아무래도 그 자리에서 해결할 수는 없으니 근처 공중화장실을 써야 한다. 물론 살점이나 피가 붙은 우비, 장화, 장갑 등을 벗고 주위에 냄새가 배지 않도록 세심하게 주의를 기울인다. 그래도 해부 중에 얼굴이나 머리카락에 튄 핏물을 깜박하고 공중화장실에 들어가 일반인을 놀라게 한 적도 종종 있다.

또한 조사를 마치고 돌아갈 때도 괴상한 냄새는 여전히 문제가 된다. 박물관 차로 돌아갈 때는 괜찮은데, 조사지가 너무 멀면 호텔에 숙박할 때도 있다. 이때는 화장실과 비교도 안 되게 냄새 대책에 온 신경을 쏟는다. 호텔에 들어가기 전, 우비 등은 밀폐가 잘 되는 봉지에 넣고 옷도 갈아입고 손을 꼼꼼히 닦고 얼굴에 들러붙은 각종 액체를 닦고, 머리카락에는 살균 탈취제를 '아니, 좀 심한데?' 싶게 뿌린다.

그래도 냄새가 완전히 가시지 않는다. 결국 체크인할 때는 냄새를 분산하기 위해 한 명씩 시차를 두어 호텔에 들어간다. 엘리베이터를 탈 때도 그렇다.

조사를 마친 직후에 비행기로 돌아갈 때는 더욱더 큰일이다. 만약 옷도 갈아입지 않고 곧장 비행기를 탄다면, 괴상한 냄새가 난다고 소동이 벌어져 이륙하지 못할 게 틀림없다. 애초에 탑승 수속 시점에서 완전 아웃이다. 그 정도로 냄새가 대단하다. 그럼 어떻게 비행기를 타고 돌아가느냐, 공항에 가기 전에 지역 온천 시설에 가서 냄새와 때를 뺀다. 사실 이때도 한바탕 소동이다. 호텔에 체크인할 때처럼 미리 냄새 처리를 한 후에 접수처를 지나 여탕으로 가는데, 온천 시설이란 탈의실에도 뜨끈한 수증기가 충만하다.

우리 몸에 밴 냄새가 수증기를 타고 탈의실에 퍼지기 시작한다. 그러니 다른 사람이 알아차리기 전에 탈의실에서도 반드시 분산해 위치를 잡고 빠르게 옷을 벗은 뒤 목욕탕으로 이동한다. 그래도 냄새 소동이 빈번히 벌어진다. 괴상한 냄새를 맡은 사람들은 먼저 사물함이나 쓰레기통을 확인하기 시작한다. 아기 기저귀나 토사물이 있나 확인하는 것이다. 다음으로 화장실 문을 하나하나 열어 확인한다.

온천 시설의 직원에게 밖에서 괴상한 냄새가 들어오니까 창문을 닫아 달라고 요청하기도 한다. "아이고, 그러면 역효과인데요…" 라고 말해 주고 싶지만, 우리가 원흉인 게 들켜 쫓겨나면 비행기를 못 타니까 '부디 용서해 주세요.' 속으로 사죄하며 냉큼 목욕탕으로 도망친다. 그런 경험을 몇 차례 거듭하다 보니, 탈의실에서 목욕탕까지 숨 쉴 틈도 없이 신속하게 움직이는 법, 또 냄새가 주위에 퍼지지 않게 동작을 최소한으로 하는 법을 익혔다.

남자 스태프에게 물어보니 남탕에서는 냄새 때문에 소동이 벌어진 적이 한 번도 없다고 한다. 놀랍네. 냄새를 감지하는 센서에 성차가 있나? 아니면 후각 문제가 아니라 허용도의 차이일까.


## 우리의 괴상한 냄새가 추억으로 바뀌는 날


좌초된 개체는 냄새가 지독하다고 앞서 이야기했다. 그런데 나는 수의과대학 출신이라 학창 시절부터 육상 포유류를 해부할 기회가 많았기 때문인지 솔직히 좌초된 해양 포유류의 부패 냄새가 그렇게 거슬리지 않는다. 무엇보다 서둘러 부검을 해야 하니까 신경 쓸 여유가 없기도 하다.

대상 동물에게 느끼는 감정도 다소 관련이 있을지 모른다. 사실 나는 어패류나 양서류, 파충류의 부패취는 못 견디겠다. 어패류나 양서류, 파충류를 싫어하지는 않으니 포유류에게 느끼는 감정이 워낙 강렬한지도 모른다.

이와 반대로 박물관에 방문하는 어류나 양서류, 파충류 연구자가 우리 조사 현장을 우연히 보면 "이 냄새는 도무지 익숙해지질 않네요. 다들 괜찮으세요?" 하고 묻기도 한다. 그럴 때면 내가 포유류를 미칠 듯이 사랑하는 것과 마찬가지로 그들이 어류나 양서류, 파충류에 깊은 애정을 품었다고 확신한다.

여담인데, 냄새란 참 신기해서 좌초 조사를 마치고 니가타현 온천 시설에 갔을 때 한번은 이런 일이 있었다. 이날은 '탈의실 문제'를 멋지게 클리어하고 목욕탕에서 깨끗이 몸을 씻은 후, 온천물에 몸을 담그고 스태프와 단란한 한때를 누렸다.

그런데 같은 물에 몸을 담근 동네 할머니가 갑자기 말했다.

"어라, 고래 냄새가 나네. 갑자기 왜 이럴까?"

그 말을 듣고 다른 스태프와 얼굴을 마주 보며 아직 냄새가 남았나 허둥거렸다. 그때 문득 손에 붙인 반창고가 보여 "이거다!" 하고 무심코 외쳤다.

그날은 고래를 부검하다가 칼에 손을 조금 베어 반창고로 응급 처치를 했는데, 까맣게 잊고 반창고를 붙인 채로 온천에 들어왔다. 반창고에 코를 대 보니 확실히 희미하게 부패취가 났다. 거기에서 난 냄새를 할머니가 맡았나 보다. 미처 여기까진 생각하지 못했다고 반성했고, 동시에 이 냄새를 맡고 고래 냄새라고 알아차린 할머니의 후각에 감탄했다.

냄새란 그 옛날의 누군가에 의해 내 기억 속에 새겨진 감각과 같은 것으로, 때때로 냄새와 관련한 기억이 되살아날 때가 있다. 그 할머니는 내 반창고 냄새에서 아마도 예전에 종종 먹었던 고래를 떠

올렸으리라. 냄새란 참 재미있는 거라고 생각한 사건이었다.

그렇게 생각하면 관광으로 온천을 찾은 사람이 우연히 우리의 괴상한 냄새와 만난 후, 그 온천을 생각할 때마다 괴상한 냄새를 떠올리는 일이 있을지도 모르겠다. 지금까지 냄새 소동으로 폐를 끼친 모든 분께 이 자리를 빌려 사과하고 싶다. 그때 그 냄새는 우리였을지도 몰라요.

앞으로도 좌초 조사를 이어 갈 테니 우리의 괴상한 냄새와 우연히 만날 사람도 적지 않겠지. 요즘은 최대한 박물관 공용 차로 이동하려 하지만, 언제 어디선가 지금까지 맡아 본 적 없는 냄새와 만나면 너그럽게 이해해 주시면 감사하겠다. 또 '오늘 근처 해안에 고래가 좌초했나?', '왜 고래가 해안에 떠밀려 올까?' 하고 궁금해하는 계기가 된다면, 우리의 괴상한 냄새 소동도 무의미하지 않을 것이다.

## 다시 바다로 돌아간 '괴짜'들에게 배운 것

현재 지구상에는 약 5,400종의 포유류가 서식하는데, 그중 바다에 사는 포유류는 크게 세 그룹으로 나뉜다.

· 고래류: 고래, 돌고래, 범고래
· 해우류(바다소류): 듀공, 매너티

· 기각류: 바다사자, 물개, 물범, 바다코끼리

고래류와 해우류는 바다에서 전 생애를 보내는데, 기각류는 번식기를 포함해 육상에서 보내는 시간도 길다. 또 기각류와 마찬가지로 식육목 그룹으로 분류되는 북극곰이나 해달도 바다를 떠나 살기 어려운 포유류다. 그들이 지나온 진화의 여정은 각기 다르지만, 지금은 바다라는 같은 환경에서 산다.

나는 왜 이렇게 해양 포유류에게 끌리는가, 때때로 자문할 때가 있다. 고래의 웅장함에 경이로운 마음을 품고, 그들의 사랑스러운 얼굴과 몸짓에는 마음이 녹는다. 그래도 고래에게 매료되는 이유라면 역시 타의 추종을 불허하는 압도적인 크기 아닐까.

생물계에서는 커다란 수컷이 인기 있는 종이 꽤 많다. 사실 해양 포유류에 종사하는 도처의 관계자들은 압도적으로 여성이 많다. 조류를 연구하는 학자 중 용맹한 맹금류나 대형 조류를 연구하는 성별은 여성이 많고, 귀여운 작은 새를 연구하는 성별은 남성이 많다는 이야기를 들은 적 있다.

나는 고래나 범고래의 압도적인 크기와 완벽한 모습에 홀딱 반했고, 이후 해양 포유류를 자세히 알아 가면서 외모뿐 아니라 그들의 인간성 아닌 '포유류성'에 점점 더 빠져들었다. 즉 바다에 돌아가서도 포유류로 있으려는 점에서 그들의 긍지를 느꼈다.

호흡기 구조만 봐도 바다에 돌아갔으니 아가미로 호흡하도록 진화했다면 훨씬 편하게 살 수 있었을 텐데, 해양 포유류는 여전히 폐호흡을 한다. 그 결과 정기적으로 반드시 수면에 고개를 내밀어 산소를 들이마셔야 한다. 갓 태어나 헤엄도 제대로 못 치는 젖먹이 새끼도 어미의 인도를 받아 해수면으로 올라간다.

또 포유류의 가장 큰 특징인, 새끼를 낳아 모유로 키우는 육아법도 그들은 그만두지 않았다. 바닷속에서 수유하기란 어미도 새끼도 쉽지 않을 것이다.

이런 점을 생각하면 바닷속에서 포유류를 유지하는 것은 한없이 가혹해 보인다. 그래도 포유류로서 살아가려는 그들에게 공감한다. 확고한 의지를 품고서 포유류인 채 수중 생활을 영위하는 길을 선택했다는 인상까지 받는다.

해양 포유류는 서식 환경을 바다로 옮겼으면서도 그 이름대로 우리와 같은 포유류이고 척추동물이고 정온동물(항온동물)이다. 따라서 인간과 공통점이 매우 많다. 해안에 떠밀려 온 돌고래나 고래를 조사하면, 외관은 어류에 가깝지만 장기의 구성 요소나 배치는 개, 소, 나아가 우리 인간과 같다는 것에 새삼 놀란다. 또 수족관에 사는 해양 포유류를 만지면, 정온동물의 증거인 온기가 느껴진다. 질병 역시 개나 고양이, 소나 돼지, 나아가 우리 인간과 같은 질병에 걸릴 때가 많다. 이 점에서도 역시 우리와 같은 포유류임을 다시 한번 확인한다.

진화의 과정에서 바다로 돌아간 그들은 이른바 '괴짜'다. 어째서 바다로 돌아갔는지 이유를 알아내는 일은, 우리 인간을 비롯한 육상 포유류를 새롭게 이해하는 것으로 이어진다. 나는 그렇게 믿고 오늘도 그들을 연구한다.

# 국립과학박물관 특별전이 열리기까지

　박물관의 주요 업무 중 하나가 전시회 개최다. 전시회에서는 주제나 이야기를 잘 고려해서 보관 기간이 100년 이상인 표본이 차고 넘치는 수장고나 지금은 절대 얻지 못할 멸종한 생물 표본이 진열된 선반에서 주제에 맞는 표본을 고른다.

　전시회는 과학박물관 연구자들의 평소 연구 성과를 일반인에게 소개하는 중요한 자리이기도 하다. 한 명이라도 더 많은 사람이 해양이나 육상 생물을 알 수 있도록 하고, 그럼으로써 후진 연구자를 키우고 평생 학습에도 이바지할 수 있기를 바란다.

　과학박물관의 전시회에는 '기획전'과 '특별전'이 있다. 두 전시회의 차이를 간단히 말하면 '규모'다. 기획전은 과박 예산으로 진행하는데, 특별전은 기업과 공동 주최로 열린다. 당연히 후자의 예산이 풍부하므로 전시회장의 넓이나 전시하는 표본 수, 개최 기간까지 전부 규모가 크다.

　특별전은 기본 연 4회, 3개월에서 반년에 걸쳐 개최되고 주제에 따라 담당자를 정한다. 그러나 해양 포유류는 곤충과 달리 '이번 전시에 필요한 표본을 잡으러 가야겠다.'는 식으로 직접 채집하러 가는 일이 불가능하다. 따라서 특별전을 여느냐 마느냐에 상관없이 늘 좌초 현장에서 얻은 골격이나 시료 등을 전시할 수 있을지 가늠하고, 할 수 있겠다고 판단하면 모든 힘을 기울여 미래에 전시할 수 있는 형태나 정보를 갖춰 보관하려고 노력한다.

특별전을 담당하게 되면 곧바로 관련 스태프들이 모여 각자 가슴에 품었던 아이디어를 낸다. 지금까지 전시하지 않은 이야기나 접근법, 새로운 전시법 등 전시의 기초가 될 안건을 확립한다.

'전시 하이라이트'를 무엇으로 할지도 중요하다. 그런 안건을 모으고, 공동 주최하는 기업의 담당자까지 합세해 이건 아니다 저건 아니다 하며 검토를 거듭한다. 그런 회의를 진행하다가 우리 쪽에서 "이런 재미있는 주제나 그에 어울리는 표본이 있으니까 이번에는 이 주제로 가면 어떨까요?" 하고 공동 주최 측에 제안할 때도 많다. 나는 이런 시간을 꽤 좋아한다.

특별전 등의 전시는 시작할 때와 끝난 뒤가 가장 고생이다. 이른바 설치 작업과 철수 작업이다. 설치할 때는 개회식 일정이 정해졌으니 무슨 일이 있어도 그날에 맞춰 오픈해야 한다. 일정은 움직일 수 없는데도 설치 중에 각종 사건이 벌어진다. 예를 들어 전시할 진열장이 망가지거나 표본이 망가지거나, 이 코너의 표본 수가 생각보다 적어서 급하게 추가할 필요가 있거나 반대로 너무 많아 다 들어가지 못해 어쩔 수 없이 수를 줄여야 하면 그에 맞춰 설명판도 변경하는 등 갖가지 문제가 생기니 현장에서 임기응변으로 대처해야 한다. 무심하게도 시간은 빠르게 흐른다.

"죄송한데요, 이 표본을 이쪽으로 이동하고 그 진열장은 조금 오른쪽으로 옮길 수 있을까요?"

"그 표본은 조금 위에 달아야 보기 쉽겠어요."

"아, 쓰쿠바에 있던 그 표본이 더 좋은데 지금 바꿀 수 있나요?"

이렇게 표본 한 개체를 움직이는 것도 큰일이라 우당탕 정신이 없다. 2년 전부터 준비했는데도 이런다니까….

이건 다 현장에서 일하는 모두가 전시를 보러 와 주는 사람들이 조금이라도 더 즐겁기를 바라면서 그 자리에서 재미있고 더 좋은 아이디어를 연달아 내놓기 때문에 생기는 일이다. 아무리 미리 회의실에서 전시회장의 배치도를 보며 거듭 토론했어도, 역시 실제로 전시회장에서 표본을 전시하고 설명 글을 같이 둔 후에야 비로소 꼭 전달해야 할 정보가 무엇인지 또 그걸 전달하려면 무엇이 필요한지가 보인다.

이런 경험이 쌓여 지금은 매일 조사나 연구를 하면서 '이 표본은 포유류의 진화 전시에 쓸 수 있겠네', '이번 조사는 여러모로 힘들었지만 아이들에게 생물의 생태를 재미있게 알려 줄 표본을 확보할 수 있었으니까 좋았지!' 하는 식으로 조사 연구와 전시를 언제나 동시에 생각하는 습관이 생겼다.

한정된 시간과 예산 안에서 모두 하나로 똘똘 뭉쳐 만든 표본을 선보이는 특별전 첫날.

"으아, 고래 뼈가 이렇게 크구나!"

"바다코끼리 송곳니, 멋있어!"

박물관에 찾아온 사람들의 이런 목소리가 들리면 그때까지 쌓인 피로가 단숨에 날아간다. 박제 뒤에서 "앗싸!" 하고 주먹을 움켜쥐기도 한다.

# 2장

# 모래사장에 떠밀려 온 무수한 고래들

## 대왕고래와의 만남

2018년 8월 5일, 화창한 일요일 늦은 오후. 집에서 느긋하게 텔레비전을 보던 중 가나가와현 가마쿠라시 유이가하마 해변에 고래 사체가 좌초했다는 뉴스가 나왔다.

"엥!"

휴식 모드였던 내 뇌가 그 순간 각성했다. 뉴스 화면에 언뜻 비친 고래의 모습이 지금까지 거의 본 적 없는 종류 같았다.

"설마 그 고래인가?"

어떤 예감이 머릿속을 내달렸다. 고래의 자세한 정보를 확인하려고 곧바로 '가나가와현립 생명의 별·지구박물관'의 연구원인 다루 하지메樽創 씨에게 연락했다. 다루 씨는 고척추동물학 및 기능형태학 전문가이며 고래와 같은 해양 포유류 연구에도 종사한다. 가나가와현에서 발생한 고래 좌초라면 이 사람에게 묻는 게 최고라고 판단했다.

역시 다루 씨는 상당한 정보를 파악하고 있었다. 그의 정보에 따르면, 그날 오후 2시경 해안을 산책하던 사람이 앞바다에 좌초한 고래를 발견해 경찰에 통보했다. 그 후 경찰이 가마쿠라 시청과 신에노시마수족관에 연락을 넣었고, 뉴스가 나올 무렵에는 이미 수족관 스태프가 현장에 도착해 모래밭에 떠밀려 온 고래의 사진을 촬영하며 현재 상황을 확인하는 중이라고 알려 주었다. 다만 그날은 일요일이어서 본격적인 조사는 다음 날부터 이루어질 예정이었다.

다루 씨에게 설명을 들은 후, 이번에는 과박의 야마다 다다스 선생에게 연락해 앞으로의 일을 상담했다. 우선은 수족관 스태프가 촬영한 고래 사진을 살펴보고 판단하기로 했다.

수족관에서 메일로 보낸 사진을 보자마자 '역시 그거네!' 하고 예감이 확신으로 바뀌었다. 어려서부터 줄곧 동경해 왔던 대왕고래였다. 정말로 대왕고래라면 일본 최초의 대왕고래 좌초 사례가 된다.

고래가 좌초한 유이가하마 해변은 집에서 차로 갈 수 있는 거리다. '모든 건 내일 현장에 도착한 후부터야.'라고 생각하면서도, 그날 밤은 예전부터 약속했던 대학 친구들과 저녁을 먹는 내내 머릿속의 '좌초 주판알'이 최고 속도로 움직였다. 진짜 대왕고래였을 때의 학술 조사 절차와 지방자치단체와의 조정, 나아가 국내 최초의 사건에 쇄도할 매스컴 대응까지 가정하느라 집에 와서도 너무 긴장한 바람에 제대로 자지 못했다.

다음 날 아침 6시 전, 나는 이미 현장에 있었다. 아침 6시부터 가

나가와현과 가마쿠라시, 또 지역 박물관과 수족관 스태프가 모여 고래의 처리를 놓고 협의할 예정이라는 이야기를 들어 동석하게 해 달라고 부탁했다.

이 단계에서는 아직 대왕고래라고 동정(同定)[1]하지 않았다. 그러나 가슴지느러미의 형태, 짙은 청회색 바탕에 잔무늬가 그려진 몸 색깔, 고래수염(82쪽 참조)의 색과 형태 등의 특징으로 보아 의심의 여지가 없었다. 하늘이 무너져도 대형 쓰레기로 처리되는 일 없이 조사해야 한다. 그러려면 가나가와현과 가마쿠라시의 이해를 구해야 했다.

해안에 좌초한 해양 포유류는 사체일 경우 지방자치단체의 판단으로 소각이나 매립해도 된다는 국가(수산청)의 지시가 있다. 단, 지자체의 허가를 받으면 부검한 후 소정의 자료를 국가에 제출하고 골격 등 표본을 학술적으로 소지할 수 있다.

1장에서 언급했듯이 고래에 관심 없는 사람에게 해안에 좌초한 거대 해양생물의 사체는 대체로 골칫거리일 뿐이다. 게다가 시시각각 내부 장기의 부패가 진행돼 끔찍한 악취를 내뿜으니 지자체에 항의 전화가 쏟아질 것이다.

당장 처분하고 싶은 마음은 충분히 이해한다. 그러니 우리 같은 전문가가 나서서 그 사체가 얼마나 귀중하고 가치가 있는지 정확하

---

[1]  생물을 연구해 어떤 분류군에 일치하는지를 확인하고 판단하는 작업 과정.

게 설명할 의무가 있다.

지자체와의 절충은 익숙한데, 이때만큼은 대왕고래와 만난 흥분감과 실패하면 안 된다는 압박감에 평소보다 더 격앙되어서 열변을 토했던 기억이 있다. 요점은 다음 세 가지다.

① 과학적 근거에 기반한 사례로서는 국내 최초인 대왕고래 좌초 개체인 점.

② 따라서 최대한 상세히 학술 조사를 진행해 연구에 활용할 필요가 있다는 점.

③ 좌초한 대왕고래는 유체이니 아직 부모가 가까이 있을지 모른다. 따라서 왜 이 개체가 폐사했는지 규명하는 것이 중요하다는 점.

이를 포함해 우리의 조사 활동이나 목적을 하나하나 정성을 다해 설명했다. 지자체 분들은 내 이야기에 진지하게 귀를 기울였고, 덕분에 무사히 현과 시의 조사 허가를 받아 냈다. 국내 최초의 대왕고래 계측과 사진 촬영부터 시작해 부검, 각종 샘플 채취에 이르는 체계적인 조사를 시행하기로 했다. 이때의 안도와 기쁨이 뒤섞인 감정은 평생 잊지 못할 것이다.

유이가하마 해변에서 발견된 대왕고래. 왼쪽이 머리로, 하늘을 보고 누웠다.

## 평생 한 번 있을까 말까인 기회

당일 아침 오전 7시. 쾌청. 에노시마섬이 아름답게 보이는 맑은 아침 공기 속에서 고래와의 격투를 시작했다. 먼저 좌초한 대왕고래의 전신과 머리, 가슴지느러미와 등지느러미, 꼬리지느러미 등을 촬영하고 몸길이를 측정했다. 이어서 눈부터 귀까지 거리와 배꼽에서 항문까지 거리 등 세계적으로 정해진 계측 부위를 올바른 방법으로 측정했다. 나아가 외상이 없는지, 고래수염 상태는 어떤지, 기

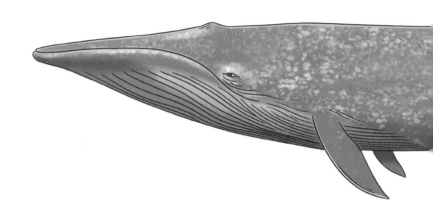

생충이 붙어 있는지 등 추가 관찰도 했다.

시작하고 4시간, 밀물이 차올라 조사를 일단 중단하고 고래가 파도에 휩쓸려 가지 않게 중장비를 써서 육지로 끌어올리기로 했다. 오후가 되자 고래 연구자들이 국내외에서 잇따라 모였다. 근방의 신에노시마수족관을 비롯해 쓰쿠바대학, 홋카이도대학, 미야자키고래연구회, 우쓰노미야대학, 나가사키대학, 도쿄해양대학, 일본고래류연구소, 한국의 서울대학교 등 쟁쟁한 학술 기관 정예들이 집결해 조사 팀이 결성되었다. 물론 우리 국립과학박물관 스태프 5인도 중심 멤버로 참가했다.

발견하고 겨우 하루 만에 이 정도 멤버가 모인 것은 지금까지 무수한 좌초 현장을 함께하며 구축한 네트워크의 힘이 크다. 물론 그

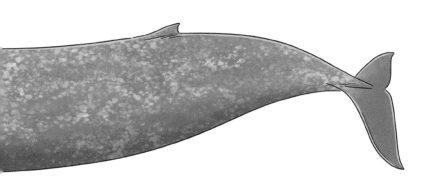

대왕고래. 약 25미터에 달하는 거구로 온몸의 잔무늬가 특징이다.

이상으로 대왕고래 조사에 참여하고 싶다는 연구자들의 강렬한 열망이 있었던 덕분이다.

고래를 연구하는 사람이라면, 실물 대왕고래를 조사할 수 있다면야 모든 걸 제치고 현장으로 뛰어가지 않을까. 일평생 한 번 있을까 말까인 귀한 기회이므로. 그 정도로 대왕고래는 해양 포유류 중에서도 특별한 존재다. 조사 팀의 사기가 하늘을 찌른 건 말할 필요도 없다.

이날 조사로 좌초한 생물이 대왕고래라고 마침내 동정했다. 대왕고래라고 동정한 특징은 크게 다음 다섯 가지다.

① 짙은 청회색인 몸 색과 그 안에 잔무늬(흰 반점)가 보이는 점.

② 대왕고래의 특징적인 가슴지느러미 형태.

③ 몸길이 대비 상대적으로 작은 등지느러미. 대형 고래는 대부분 몸길이 대비 등지느러미가 작은데, 특히나 대왕고래가 그렇다.

④ 칠흑색 고래수염. 고래수염은 종류에 따라 색과 형태가 다양한데, 대왕고래의 고래수염은 칠흑색을 띠는 특징이 있다.

⑤ 대왕고래 특유의 프로포션(proportion). 몸길이 대비 머리 비율이 어느 정도인지, 그 외에 목주름(86쪽 참조)의 위치 및 수, 꼬리지느러미나 등지느러미의 형태, 위치 등 몸길이를 기준으로 삼고 그 비율과 위치, 크기 등을 확인해 동정한다. 인간은 프로포션이 좋다고 하면 아름답거나 멋지다는 다른 의미가 따라오는데, 동물은 기본적으로 프로포션이 그 종을 결정짓는 특징을 가리키는 경우가 많다.


몸길이 10.52미터 수컷으로, 생후 수개월 정도여서 아직 모유를 먹을 시기인 유체일 가능성이 크다는 것도 알아냈다. 또한 부패 정도로 보아 사후 며칠쯤 지났으며 아마도 좌초한 해안에서 그리 멀지 않은 앞바다에서 폐사해 해류를 타고 가마쿠라 해안에 흘러왔으리라 추측했다.

새끼 고래의 죽음은 슬프지만, 가치 있는 죽음이 되도록 자세히 조사해 미래의 연구로 반드시 이어 가겠다고 속으로 다짐했다.

# 새끼 고래의 위에서 나온 플라스틱

사실 그 자리에서 바로 사인과 좌초의 원인을 알아내기 위해 개복해 장기도 조사하고 싶었다. 그러나 고래가 좌초한 유이가하마 해변은 전국적으로 유명한 관광지다. 따라서 지자체와 협의한 결과, 장기 조사는 후일 다른 곳에서 하기로 했다.

그날 해 질 녘 5톤 트럭 2대로 나눠 새끼 고래를 이동, 다음 날 이른 아침부터 국립과학박물관, 쓰쿠바대학, 홋카이도대학, 나가사키대학, 서울대학교 조사 팀이 조사를 시작했다. 본격적인 사인을 찾는 조사였다.

해양 포유류는 외적 요인으로 폐사하는 예도 적지 않다. 외적 요인이란 개체 외부에 사인의 원인이 있는 경우를 가리킨다. 대표적인 예가 ① 선박과의 충돌 ② 어망 등에 걸림 ③ 상어나 범고래 같은 천적의 습격이다. 그러나 이번 대왕고래의 외형(겉보기) 관찰로는 선박과 충돌하면 보이는 타박상이나 골절흔을 찾지 못했고, 어망에 걸리면 보이는 어망흔(네트 마크)이나 열상도 없었다. 또 천적인 상어나 범고래의 습격을 받으면 생기는 교상흔이나 포식당한 부위도 관찰되지 않아 외적 요인은 아니었다.

다음으로 장기를 조사했다. 이때는 여름 무더위가 장기 부패를 부추긴 탓에 전체를 조사할 수 없었으나, 장기에서 뚜렷한 질병을 발견하지 못했다. 위는 거의 텅 비었는데 장에는 내용물이 남아 있었다. 즉 태어난 후에 모유를 먹었다는 뜻이다. 이런 정보로 생후 수 개월 된 대왕고래 새끼는 폐사하기 몇 시간 전에 어미와 헤어졌고, 단독으로는 살지 못해 폐사했을 가능성이 크다고 추측했다.

부검을 마친 후, 전신 골격은 국립과학박물관이 표본으로 보관하기로 했다. 생후 얼마 지나지 않은 새끼여서 뼈 일부가 아직 부드러운 연골이었다. 부드러운 뼈에서 생명의 무게를 평소 이상으로 실감하며 최대한 많은 표본을 과박으로 가져갔다. 현재 골격표본은 수장고에 소중히 보관되어 있다.

그 후 공동 연구를 진행하면서 북태평양에 서식하는 대왕고래로는 최초로 유전자 정보 일부를 얻어 냈고, 전 세계에 지금까지 알려진 대왕고래 유전자 정보와 비교할 수 있었다(미야자키대학 니시다 신西田伸 선생의 성과를 바탕으로 소개). 유전자 정보를 알면, 앞으로 새끼 대왕고래가 같은 북태평양의 미국 연안에 사는 대왕고래와 '친척인가? 아니면 생판 남인가?'와 같은 지식을 알아낼 수 있다. 유전자 정보는 다양한 정보를 알려 주는 도구다.

또 홋카이도대학 마쓰다 아야카松田純佳 선생이 고래수염을 분석한 결과, 새끼 대왕고래는 생전에 이와테현 앞바다를 어미와 함께 회유했다는 사실도 알아냈다. 일본이 포경 전성기를 누리던 시절에 이와테현 앞바다에서 대왕고래를 포획했다는 기록과 서식지가 일치한다.

고래들의 체표(몸 표면)에는 각종 기생충이 있다. 이번 대왕고래

체표에서도 기생성 갑각류의 일종인 기생충과 요각류에 속하는 기생충을 여러 개체 채집했다. 이 외부 기생충들은 전 세계 바다에 서식한다고 보고되었는데, 지금까지 일본 주변에서는 밍크고래(대왕고래와 같은 수염고랫과의 수염고래)에 기생한 사례만 알려졌다. 따라서 일본 주변에 사는 대왕고래에게서 같은 기생충이 발견된 것은 이번이 처음이다(가고시마대학 우에노 다이스케上野大輔 선생의 성과를 바탕으로 소개).

게다가 체내에 환경오염물질이 축적된 것을 알아냈다(에히메대학 연안환경과학연구센터의 성과를 바탕으로 소개). 장기 조사를 진행하면서는 위에서 지름 7센티미터의 비닐 조각을 발견했다. 이 비닐 조각은 직접적인 사인과는 관계가 없다. 그러나 젖먹이 고래의 위에서 인간 사회에서 유래한 이물질이 발견된 것은 충격적이었다. 가나가와현 환경과학센터는 분석을 통해 이 비닐 조각이 '나일론 6'이라는 재질의 필름임을 특정했다.

새끼 고래가 좌초한 가나가와현에서는, 이 사실을 알게 된 지사가 '가나가와 플라스틱 쓰레기 제로 선언'을 발표했다. 이는 환경문제 해결을 위한 커다란 발걸음을 내딛는 계기가 되었다.

만약 새끼 고래의 사체가 대형 쓰레기로 소각되었다면 우리는 이러한 사실을 알아내지 못했을 것이다. 해양 포유류의 사체는 해당 개체의 생태는 물론이고, 나아가 바다의 현재 상태도 우리에게 알려 준다.

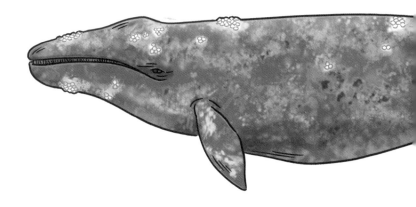

귀신고래. 몸길이 약 13~15미터로 등에 있는 혹 같은 융기가 특징이다.

## 고래는 폭발한다

대왕고래와 마찬가지로 평생 못 볼 줄 알았던 희귀종 고래가 2007년 8월 홋카이도 도마코마이시 해안에 좌초됐다. 수염고래류에 속하는 '귀신고래'다.

귀신고래는 몸길이가 12미터 정도의 고래로 연안 해역을 선호한다. 얕은 여울 진흙 속의 게나 새우 같은 벤토스(저서생물)가 주식이다. 한때 북반구 대서양과 태평양에 서식했으나 인간의 남획으로 북대서양 무리는 멸종했고, 현재는 북태평양에만 서식한다. 세계적으로 생존이 위험한 고래 중 하나다.

북태평양 귀신고래 중에서도 북서태평양(일본 주위를 포함한 러시

아, 중국, 한국 연안)에 서식하는 무리는 그 수가 고작 150마리로 추정되어 멸종위기종 상위에 올라 있다. 그 드문 귀신고래 중 1마리가 홋카이도에 좌초된 것이다.

　게다가 좌초된 개체는 암컷이라고 한다. 북서태평양 귀신고래의 일생은 베일에 가려져 있어 어디에서 출산하는지도 아직 밝혀지지 않았다. 나의 탐구심은 더욱더 자극을 받았다. 많은 생물에 해당하는 이야기인데, 자손을 안정적으로 남기는 데는 수컷보다 암컷 마릿수가 직접적인 영향을 준다. 귀신고래도 마찬가지다.

　우리 박물관 스태프도 곧바로 홋카이도로 향했다. 도마코마이시는 삿포로에서 약 70킬로미터 아래쪽에 있는 곳으로, 태평양과 맞닿아 있다. 이 계절의 귀신고래에게는 먹이 터인 러시아 연안 해역으로 북상하는 이동 경로라 추측할 수 있다.

　도마코마이시 해안에 도착하자, 이미 저명한 연구자들이 몇 명이나 와 있었다. 당시 일본고래류연구소 소속이었던 이시카와 하지메石川創 씨도 있었다.

이시카와 씨는 나와 같은 일본수의축산대학(지금은 일본수의생명과학대학) 출신인 수의사다. 오랫동안 조사 포경[2] 단장으로 활동하며 남극해와 연안 포경에 참여했고, 좌초 현장을 수없이 경험한 대선배다.

이때는 하필 여름이어서 귀신고래의 부패가 빨랐다. 원래 몸길이 12미터쯤 되는 대형 고래는 피부밑지방층이 매우 두툼해서 30센티미터쯤 되는 종도 있다. 살아 있는 동안에는 이 지방층 덕분에 체온을 유지하는데, 죽은 후에는 지방층 때문에 체온을 밖으로 내보내지 못해 체내 부패가 빠르게 진행된다. 이대로 방치하면 체내에 대량으로 번식한 세균이 가스를 자꾸자꾸 만들어 풍선처럼 몸이 팽창하다가 끝내 폭발하기도 한다.

과박을 찾은 아이들에게 이 이야기를 들려준 적이 있다. "진짜요!", "고래가 폭발해요?" 하며 다들 흥분했다. 어른들도 좀처럼 믿지 않는데, 실제로 대형 고래가 폭발하는 영상이 인터넷 동영상 사이트에 많이 올라와 있다. 해안에 좌초된 고래에게 조심성 없이 다가가면 안 되는 이유를 실감하기 위해서라도 기회가 있으면 한번 보기를 바란다.

폭발 전조는 전문가가 보면 바로 알 수 있다. 사후에 쌓인 가스가 체내에 가득 차면, 몸의 팽창과 함께 가슴지느러미가 올라간다.

---

2 　　　　　고래의 서식 개체 수나 분포 상태 등을 과학적으로 조사하고자 국제포경위원회의 위탁을 받아 노르웨이와 일본에서 하는 포경.

**발견한 지 이틀이 지난 귀신고래는 이미 부패하기 시작해, 가슴지느러미가 완전히 만세를 하고 있다.**

올라간 각도에 따라 부패의 진행 상태를 추측할 수 있다.

우리가 도착했을 때 귀신고래는 발견한 지 이틀이 지나서, 이미 가슴지느러미가 만세를 하고 있었다. 즉 부패가 진행해 폭발 직전까지 가스가 찼음을 알려 주었다. 시간이 조금 더 지났다면 부검을 포기해야 할 정도로 장기가 끈적끈적 녹았을 것이다. 하마터면 천재일우의 기회를 놓칠 뻔했다.

부검을 위한 '첫 메스'는 내가 담당했다. 먼저 배꼽 위치에서 지방의 두께를 측정하기 위해 빵빵하게 부푼 고래의 체표에 칼을 넣은 순간, 내부 압력 때문에 펑펑 터지는 것 같은 소리가 나면서 피부의 잘린 면이 벌어졌고, 계속 자를수록 안에서 창자가 주르륵 흘러나왔다.

"으아아악!"

비명을 지를 뻔했지만, 그때는 이시카와 씨를 비롯해 대선배들이 주위에 모여 있어서 최대한 냉정하게 행동했다. 사방으로 튄 고래의 체액과 지방에 범벅이 된 채 묵묵히 해부 작업을 이어 갔다.

좌초된 개체를 해부할 때면 아무리 경험이 풍부하다 해도 잔뜩 긴장하게 된다. 해부 순서를 머릿속에 잘 입력해 놓았지만, 자칫 마음이 느슨해지고 주의력이 산만해지는 경우가 있어서 중요한 정보나 표본을 순간적으로 놓치거나 잘라 버리기도 한다. 정신을 차렸을 때는 이미 늦었으니, 후회막급이다.

특히 이번처럼 희귀종이면 긴장감이 훨씬 더하다. 하나라도 많은 정보와 표본을 채집해 후세에 남기고 싶기 때문이다. 박물관 직원으로서, 연구자로서 큰 책임감을 느낀다.

뭔가 놓치지 않았을까, 깜박한 건 없을까, 표본 회수를 각 지점에서 적절하게 진행했을까, 이후 박물관에서 표본을 보관·관리하기 위해 지금 해 둬야 할 일은 무엇일까, 손을 움직이면서도 항상 갖가지 생각으로 머릿속이 분주하다. 그래서인지 이런 조사 현장은 의외로 조용하다. 손을 움직이며 머리도 마구 회전하기 때문에 다른 사람과 대화를 나누며 작업하는 경우는 드물다. 귀신고래의 몸 전체를 통째로 냉동할 수 있으면 느긋하게 이런저런 생각을 하며 조사를 진행할 수 있는데…. 이런 몽상을 한다. 물론 현실은 그럴 수 없다.

도마코마이시 해안에 좌초된 귀신고래는 부패가 상당히 진행되어 사인을 단정할 수 없었다. 단, 유선이 발달한 상태로 보아 성적으로 성숙한 암컷 귀신고래이며 임신 경험도 있다고 추측했다.

위에서 내용물도 나왔다. 이 말은 이동 도중인 일본 주변에서도 먹이를 먹는다는 뜻이다. 계절별로 대규모 회유를 하는 수염고래들은 이동 중이나 번식 해역에서는 적극적으로 섭식하지 않는다고 알려져 있다. 따라서 이번 귀신고래에서 발견한 위 내용물은 새로운 견해로 이어지는 정보 중 하나라고 할 수 있다.

귀신고래 해부 작업에 참여한 연구자들은 이 밖에도 많은 기초 생물학적 데이터를 얻어 제각각 학술 기관으로 가지고 돌아갈 수 있었다. 해냈다는 만족감에 젖어 내심 안도한 순간이었다.


## '수염고래'와 '이빨고래'

일본인에게 고래는 예전부터 특별한 존재였다. 해양 포유류와 어류의 차이도 몰랐던 시절, 일반적인 물고기와 달리 어떤 의미에서 존경심을 품는 대상이었다. 고래의 압도적인 크기 때문이었을까. 어쩌면 같은 포유류로서 무언가 느꼈을지도 모른다.

현재 전 세계에 서식하는 고래류는 약 90종이 알려졌다. 그중 대략 절반이 일본열도 주변에 서식하거나 혹은 회유한다. 일본은 세계에서 드문 '고래 왕국'이다.

고래는 크게 '수염고래'와 '이빨고래'로 나뉜다. 이름의 유래대로 입안에 수염판이 자란 고래가 수염고래, 이빨이 자란 고래가 이빨 고래다.

먼저 수염고래부터 알아보자. 현재 수염고래는 전 세계 바다에 4과[3] 14종 이상이 서식한다. 수염고래라고 하면 감이 바로 안 올 수

---

[3]    긴수염고랫과, 수염고랫과, 귀신고랫과, 꼬마긴수염고랫과가 있다.

혹등고래. 몸길이는 약 15미터이고 긴 지느러미가 특징이다.

있는데, 일본인에게 익숙한 고래도 있다. 가을부터 초봄에 걸쳐 오가사와라제도⁴와 게라마제도⁵ 해역에서 인기인 고래 관광에서 볼 수 있는 고래가 수염고래의 일종인 혹등고래다.

수염고래류는 대부분 몸이 큰 게 특징이다. 남반구에 서식하는 가장 작은 종(꼬마긴수염고래)도 6미터에 살짝 못 미치는 크기다. 포유류 중 가장 거대한 대왕고래도 수염고래의 일종으로, 대왕고래는

4      일본 본토에서 남쪽으로 약 1,000km 떨어진 서태평양의 제도. 다양한 생물이 서식하고 있어 '동양의 갈라파고스'로 불린다.
5      일본 본토의 가장 남쪽에 있는 오키나와현에서 서쪽으로 약 40km 떨어진 해상의 제도.

몸길이가 30미터를 넘는 개체도 있다.

이렇게 커지려면 아주 고열량 식사를 즐길 것 같은데, 수염고래는 전반적으로 아주 건강한(?) 식생활을 유지한다. 거구에 어울리지 않게 수염고래의 주식은 크릴 같은 작은 동물성 플랑크톤이나 새우와 게 같은 갑각류다. 정어리, 열빙어, 청어 같은 소형 어류도 먹는다.

이런 걸 먹어서 몸이 왜 저렇게 말도 안 되게 커지나 싶은데, 먹는 양이 어마어마하다. 수염고래 중에는 장거리 계절성 회유를 하는 종이 많아 봄부터 여름까지 먹이를 찾아 추운 해역(고위도 지역)으로 향한다. 남극이나 북극 주변 바다에서는 이 시기에 플랑크톤이 폭발적으로 증식한다. 그걸 양껏 먹기 위해 이동하여, 비약적인 대형화에 성공한다.

여름에 영양을 듬뿍 공급한 수염고래는 가을부터 초봄에 걸쳐 이번에는 새끼를 낳기 위해 따뜻한 해역(저위도 지역)으로 향한다. 일본의 오가사와라제도와 게라마제도 해역에 수염고래의 일종인 혹등고래가 나타나는 때도 딱 이 시기에 해당한다. 번식기가 끝나면 새끼를 데리고 다시 먹잇감이 풍부한 베링해 등 북쪽 바다로 대규모 회유를 해서 배부르게 먹이를 먹는다.

긴수염고래의 수염판.

## 편하게 먹이를 잡는다고? ― 수염고래

수염고래라는 이름을 들으면 메기 같은 수염이 삐죽 자란 고래를 상상할지도 모르겠다. 하지만 앞서 언급했듯이 수염고래의 수염은 입 안쪽에 자란 수염판에서 유래한 것이다. 인간의 수염과는 생김새도 역할도 전혀 다르다.

수염고래는 진화 과정에서 자기만의 독특한 먹이 잡는 방법을 획득했다. 최대한 힘들이지 않고 효율적으로 먹이를 잡기 위해 머리(입안) 구조를 바꾸고 수염판을 만들어 냈으며, 이 수염판을 써서 바닷물에서 먹이생물을 걸러 먹는 방법을 고안했다.

수염고래가 먹이를 잡는 방법은 크게 세 가지로 알려져 있다.

① 스킴피딩(skim-feeding, 걸러 먹기)

수염고래인 긴수염고랫과 고래의 섭식법은 스킴피딩이다. 긴수염고랫과의 위턱은 활처럼 크게 굽어서 아래턱과 사이가 크게 벌어지기 때문에 입안에 아주아주 커다란 공간이 생긴다.

이 위턱에 술집 입구에 걸린 포렴 같은, 길고 큰 직각삼각형의 자 같은 형태인 자잘한 섬유상으로 구성된 판이 잔뜩 드리워져 있다. 이것이 '수염판'이다. 수염판은 말 그대로 판상으로, 이 판상의 물체는 위턱을 따라 촘촘하게 자란다. 이를 통틀어 고래수염이라고 한다.

수염판은 사람의 손톱이나 피부가 케라틴(딱딱한 단백질의 일종)화한 것과 마찬가지로 구강 내 점막이 케라틴화한 것으로 추측된다. 자기 손톱을 만지면 수염판과 가장 비슷한 감촉을 느낄 수 있다. 다만 수염판은 건조하면 자칫 손이 베일 정도로 딱딱해지기 때문에 이를 만질 때는 조심해야 한다.

긴수염고래류가 이런 독특한 활 모양 위턱과 긴 수염판을 지닌 데는 이유가 있다. 헤엄치면서 입을 조금만 벌리면 수염고래들의 주식인 크릴새우나 동물성 플랑크톤이 바닷물과 함께 알아서 입안으로 콸콸 들어오기 때문이다. 그때 입안의 '고래수염'이 필터 역할을 해서 먹이생물만 입에 남기고 바닷물은 입 가장자리를 거쳐 밖

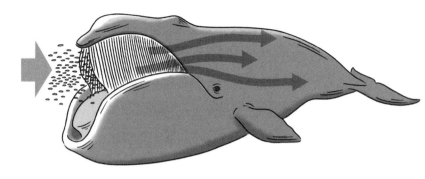

스킴 피딩(걸러 먹기).

으로 배출한다. 참 효율적인 식사법이다.

고래수염의 색과 형태, 섬유(강모)의 성질은 수염고래의 종류에 따라 달라서 종을 특정하는 실마리가 된다. 예를 들어 수염고래 중 가장 긴 수염판을 지닌 고래는 긴수염고래류로, 북방긴수염고래와 북극고래는 수염판이 2미터나 된다는 기록이 있다.

참고로 북방긴수염고래의 수염판은 길이도 길고 탄력성도 좋기 때문에 서양에서는 여성의 코르셋이나 바이올린 현에 사용되었다. 일본에서도 낚싯대, 부채, 빗, 꼭두각시 인형의 태엽 재료 등으로 가공되어 지금도 중요하게 쓰인다.

② **보텀피딩**(bottom-feeding, 밑바닥에서 뒹굴어 먹기)

보텀피딩은 수염고래류 중 귀신고래만 하는 섭식법이다. 귀신고래의 주요 먹이는 얕은 해저의 진흙 속에 사는 게나 옆새우 같은

보텀피딩(밑바닥에서 뒹굴어 먹기).

벤토스다. 북방긴수염고래 정도는 아니어도 위턱이 살짝 커브를 그려 구강 내 용적을 키웠다. 벤토스를 먹기 위해 몸 오른쪽을 아래로 하고(왜 오른쪽을 아래로 하는 개체가 많은지 이유는 알 수 없다) 입을 살짝 벌려, 오른쪽으로 해저 진흙과 함께 먹이를 흡수하고 반대편인 왼쪽으로 물과 진흙을 뱉어내며 고래수염으로 걸러서 입안에 남은 먹이를 삼킨다.

귀신고래는 먹이가 해안 근처 해저에 있어서 서식 해역이나 회유 경로가 해안에서 아주 가깝다. 미국 캘리포니아주에서는 육지에서도 종종 귀신고래를 볼 수 있고 고래 관광도 성행해서 캘리포니

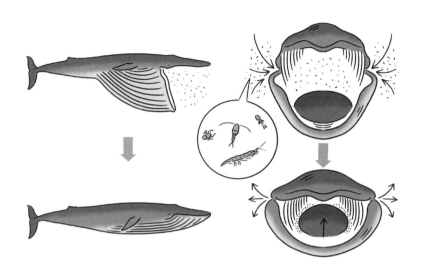

인걸프피딩(한꺼번에 삼켜서 먹기).

아주 앞바다에서 인기 최고인 고래다.

또 귀신고래는 자주 머리를 물 밖으로 내보내는 행동을 한다[이를 스파이홉(spyhop)이라고 한다]. 지형이나 주위 경치를 확인하기 위해 하는 행동인데, 어쩌면 인간 생활을 관찰하는 것 아닐까. '오늘도 저 인간들은 부지런히 일하는구먼…' 같은 생각에 잠긴다거나?

③ 인걸프피딩(engulf-feeding, 한꺼번에 삼켜서 먹기)

수염고랫과 고래들이 식사하는 장면은 다이내믹하기로 유명하다. 긴수염고랫과의 북방긴수염고래처럼 위턱이 구부러지진 않았으나, 대신 아래턱과 머리뼈의 관절이 강인한 섬유로 연결되어서 뱀이 자기 몸보다 큰 먹이를 통째로 삼키는 것처럼(구조는 다르지만) 턱을 빼고 크게 벌려 대량의 바닷물과 먹이를 한꺼번에 집어삼킬 수 있다. 인걸프피딩이라는 섭식법이다.

일반적으로 고래의 피부는 거의 수축하지 않는다고 생각하면 된다. 특히 대형 고래는 피부에 아주 두툼한 섬유 성분이 풍부해서 전혀라고 해도 좋을 정도로 신축성이 없다.

그런데 수염고랫과의 고래는 먹이를 먹기 위해 진화 과정에서 배 쪽 피부에 아코디언 같은 주름을 만들어 신축성을 주었다. 이걸 목주름이라고 하는데, 목부터 배꼽 근처까지 넓게 자리 잡았다.

그렇다면 수염고랫과 고래는 먹이를 먹기 위해 이 목주름을 어떻게 사용하는가. 앞서 설명한 것처럼 집어삼킨 대량의 바닷물과 먹이생물은 목주름 부분 피부밑 공간(ventral pouch, 배 속 주머니)으로 단숨에 흘러 들어간다. 그런 다음에는 아래턱과 혀, 목주름의 근육을 써서 먹이와 물을 다시 입안으로 되돌린다. 이때 고래수염의 여과 작용으로 먹이만 입안에 남고 바닷물은 입으로 배출된다. 정말 상상조차 어렵고 번거로워 보이는 '식사'다.

대왕고래나 참고래 같은 대형 종은 목주름 부분에 들어온 바닷물과 먹이생물이 너무 무거워 자기 힘만으로 도저히 움직일 수 없기에 제 몸을 눕혀서 중력을 이용해 물을 배출한다. 목주름 부분이

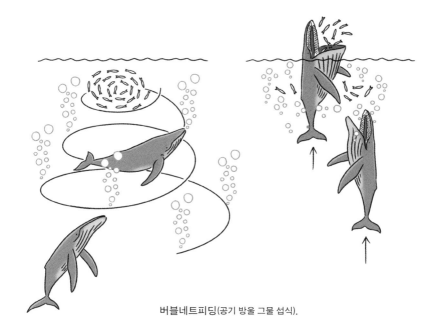

버블네트피딩(공기 방울 그물 섭식).

바닷물과 먹이로 빵빵하게 부푼 모습은 꼭 올챙이 같아서 머리가 괴이하게 커 보인다. 수염고랫과 고래들은 진화 과정에서 자기 힘으로 조절하지 못할 정도의 바닷물과 먹이생물을 대량으로 삼키기 위한 장치(목주름)를 획득했다. 그래서 그만큼 거대해질 수 있었다.

수염고랫과에 속하는 혹등고래의 섭식법은 또 특이하다. 다른 수염고래처럼 인걸프피딩을 하지만, 신기하게도 동료끼리 협력해서 물고기를 몰아 잡아먹는다. 물고기 떼를 발견하면 여러 마리의 혹등고래는 물고기 떼 아래로 잠수한다. 그리고 분기공(고래 숨구멍)에서 공기 방울을 내뿜으면서 나선형으로 유영하여 해수면으로 차례로 상승한다. 그러면 물고기 떼 주위로 순식간에 공기 방울 그물[버블네트(bubble net)]이 발생해, 물고기들이 그 안에 갇혀 도망치지 못한다.

물고기가 수면에 모인 그 타이밍을 노려 동료들은 제각기 단숨에 삼킨다. 그 광경을 보면 너무 접근전이어서 동료끼리 실수로 삼키지는 않을지 걱정될 정도다. 이는 혹등고래에게서만 보이는 섭식 행동으로, 버블네트피딩이라고 한다. 동료와 협력해 하나의 목표를 이루려는 행동은 야생동물에게서 보기 드문데, 이는 혹등고래가 높은 사회성을 갖췄다는 증거다.


## 수수께끼 가득한 이빨고래를 추적하다


이빨이 있는 이빨고래도 참 흥미로운 고래들이다. 이빨고래류는 세계에 10과[6] 76종이 알려졌다. 심해에서 오징어류를 먹는 향고래도 이빨고래인데, 이 향고래만 예외로 덩치가 크고 대부분 이빨고래류는 소형에서 중형 종이 많다. 이빨이 있어도 씹지는 않는다. 먹이를 잡으면서 쓸 때는 있지만 대부분 통째로 삼킨다. 수족관에

---

**6**　　　향고랫과, 부리고랫과, 꼬마향고랫과, 인도강돌고랫과, 프란시스카나과(라플라타돌고래과), 양쯔강돌고랫과, 아마존강돌고랫과(보토과), 일각고랫과(외뿔고랫과), 쇠돌고랫과, 참돌고랫과가 있다.

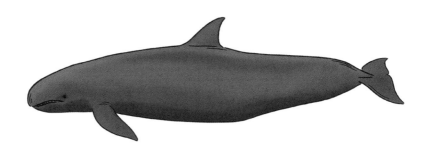

흑범고래. 몸길이 약 3미터에 둥근 머리가 특징이다.

서 인기 있는 큰돌고래나 낫돌고래, 범고래나 흑범고래도 이빨고래류에 속한다.

이빨고래류 중 부리고랫과에는 이빨부리고래속이라는 그룹이 있는데, 세계에 15종 정도 서식한다. 일본 근해에는 허브부리고래, 은행이빨부리고래, 큰이빨부리고래, 혹부리고래 4종이 서식하는데, 전부 이름이 생소할 것이다. 실제로 모두 생태가 여전히 베일에 가려져 있다.

수족관의 사육 기록도 거의 없고, 사람 눈에 띄는 곳에 모습을 보이는 경우도 좀처럼 없다. 살아 있는 이빨부리고래속 고래 연구는 세계적으로도 매우 어렵다. 그래도 겨울철이면 동해 쪽에 이빨부리고래속의 큰이빨부리고래가 자주 좌초하고, 태평양 쪽에는 1년 내내 나머지 3종 허브부리고래, 은행이빨부리고래, 혹부리고래가 제각기 좌초된다. 수수께끼 가득한 고래들의 좌초, 이 기회를 놓쳐선 안 된다.

위에서부터 허브부리고래, 은행이빨부리고래, 큰이빨부리고래, 혹부리고래.
몸길이 5미터 전후에 선형 이빨을 지녔다.
다들 비슷하게 생겨서 전문가도 구분하기 어렵다.

2001년 3월에 동해 각지에서 일주일 동안 모두 12마리의 좌초된 큰이빨부리고래 개체가 발견되어 우리 관계자들은 그야말로 발등에 불이 떨어졌다.

사도가섬에서 1개체의 조사를 마치고 니가타현 료쓰항에 도착했더니 이번에는 아키타현에서 다른 개체가 있다고 연락이 오고, 다음으로 노토반도 해안에서 조사하는데 반도 반대편에서 또 1마리가 발견되어 달려갔다. 일주일 내내 그랬다. 그때는 12마리 중 7마리만 조사할 수 있었다.

겨울철 일본 서쪽 해역의 추위란 하여간 혹독하다. 기온도 낮거니와 눈이 펑펑 쏟아지고, 해안에 있으면 북풍이 가혹하게 분다. 그럴 때면 늘 가수 도바 이치로鳥羽一郎의 〈형제선(兄弟船)〉[7]이 머릿속에 흐른다. 작업 도중에는 몸을 움직이니까 추위도 버티겠는데 몇 분이라도 작업을 멈추면 곧바로 손이 곱고 덜덜 떨리며, 눈보라가 치는 날에는 몸이 날아갈 것 같다. 사람만 추운 게 아니라 카메라도 셔터가 눌러지지 않고 샘플을 담을 보존액도 얼어붙는다. 그런 추위였다.

아직 현장에 익숙해지기 전, 내가 툭하면 춥다고 하니까 베테랑 선생들이 내 이름[8]을 따와 "이런 솜털 같은 눈이 춥긴 뭐가 추워?"라

**7**    도바 이치로가 1982년 발표한 곡으로, 어부 형제의 마음을 노래하고 있다.

**8**    저자의 이름 유코('木綿'子)에 '무명, 솜'이라는 뜻이 담겨 있다.

며 나를 놀리곤 했다. 그러나 엄동설한 속에서 일주일에 12마리는 역시 선생들에게도 쉽지 않았던 것 같다.

나는 4마리째를 조사하던 도중부터 오한이 느껴지더니 작업을 마치고 돌아오면서는 열이 나기 시작했다. 그 후 며칠이나 끙끙 앓았다.

고된 현장이었지만 수확도 컸다. 지금까지 알아낸 큰이빨부리고래의 주요 성과는 다음과 같다.

### ① 유전자 분석으로 혈연관계를 추측

유전자의 특정 부위를 조사하면 개체끼리 혈연관계를 알 수 있다. 좌초된 큰이빨부리고래의 유전자를 분석한 결과, 동해 쪽에는 크게 두 개의 모계 집단(어미의 조상이 두 개의 그룹으로 구성)이 있는 것을 알았다.

### ② 몸길이와 몸무게 데이터

신생아는 몸길이 200센티미터 전후로 태어난다. 성체 수컷의 몸길이는 500센티미터 전후이고 몸무게는 1톤 정도다. 큰이빨부리고래는 암컷이 더 큰 경향을 보이는데, 암컷의 몸길이는 520센티미터 정도이고 몸무게도 1~1.5톤이다.

### ③ 유체일 때 특유한 몸 색을 지닌다

부리고랫과의 고래는 유체일 때만 부모와 다르게 몸이 담황색이고 이마부터 눈 주변, 등 쪽이 흑갈색이다. 이는 생물의 생존 전략의 일종이다. 해양 환경에서는 외적(外敵)인 상어나 범고래가 바다 심층에서 표층을 올려다보며 그곳을 지나는 먹잇감을 노릴 때가 많다. 심층에서 표층을 보면 태양광을 받아 먹이 그림자를 확인할 수 있다. 따라서 사냥당하는 쪽은 최대한 들키지 않으려고 배 쪽을 하얗게 하는데, 이러면 태양광을 받아도 그림자가 생기지 않아 외적의 눈에 띌 확률이 낮아진다. 이런 전략을 해양에 사는 모든 생물이 획득한 것은 아니지만, 고래류 전반을 관찰해 보면 외양성(外洋性, 육지에서 멀리 떨어진 바다를 서식 해역으로 삼음) 종 대부분은 배 쪽이 하얗다.

### ④ 이빨로 나이를 알 수 있다

'수령 1,000년 넘은 야쿠 삼나무[9]'에서 1,000년이라는 수치는 나이테를 세어야 알 수 있다. 큰이빨부리고래들을 포함한 이빨고래류의 나이는 나무와 마찬가지로 이빨에 생기는 나이테를 세면 알 수 있다. 생물이 몇 살에 새끼를 낳고 몇 살에 성 성숙기를 맞이하는지 기초적인 생물 정보를 얻을 때 나이는 꼭 필요한 요소다.

---

**9**         일본 규슈 야쿠섬 산지에 자생하는 삼나무. 1,000년 이상 산 나무만 야쿠 삼나무라 부르기도 한다.

이런 항목은 지극히 기본적인 내용으로 보인다. 그러나 해양 포유류를 포함한 야생동물 중에는 이런 기초 정보조차 알려지지 않은 종이 여전히 많으며, 큰이빨부리고래도 여기서 예외는 아니다.

## 이빨이 있는데 오징어를 통째로 삼키는 고래

이빨고래류는 이빨이 있다고 설명했는데, 이빨 개수는 종류에 따라 차이가 크다. 이빨고래이면서도 이빨 개수를 대대적으로 줄인 고래가 있다. 큰머리돌고래와 향고래, 그리고 이빨부리고래속(屬)을 포함한 부리고랫과가 대표적이다. 부리고랫과 고래는 성숙한 수컷에게만 이빨이 자라는데, 그것도 아래턱 좌우 1~2쌍만 있다. 암컷은 평생 이빨이 나지 않는다.

이빨고래류의 이빨은 원래 전부 똑같이 생긴 '동형치성(同形齒性)'이어서 먹이를 잘게 부수는, 일반적인 씹는 기능을 하지 않는다. 범고래나 큰돌고래도 마찬가지지만, 그들은 이빨이 아주 많고 이빨을 써서 먹이생물을 붙잡거나 씹는다. 그러나 부리고랫과는 수컷의 이빨이 고작 2~4개이고, 다시 말하는데 암컷은 이빨이 평생 나지 않는다!

이렇게 이빨 개수를 감소시킨 고래들에게는 공통점이 있다. 바로 오징어류를 주식으로 삼은 것이다. 아무래도 오징어를 잡을 때는 이빨을 쓸 필요가 없나 보다. 우리 인간에게는 오징어야말로 이 없이는 못 먹는 대표적인 음식인데 말이다.

그렇다면 이 고래들은 오징어를 어떻게 잡을까? 빨아들여서 통째로 삼킨다. 맛이고 뭐고 알 바 아니고 그냥 빨아들여서 꿀꺽 삼킨다. 그때 이빨을 쓰지 않으니까 오징어가 주식인 고래들은 이빨 개수를 줄였다고 생각할 수 있다.

나아가 부리고랫과에서는 이빨이 수컷의 이차성징에서 중요한 기능을 담당하게 되었다. 암컷을 획득하는 도구로서 이빨이 존재하는 것이다. 아시아코끼리의 상아나 사슴의 뿔처럼 번식기에 수컷끼리 암컷 쟁탈전을 벌일 때 쓰이고, 암컷에게는 구애 어필의 상징이 된다. 이렇게 수컷과 암컷의 외형이 다른 것을 '성적이형(性的二型)'이라고 한다.

성숙한 부리고랫과 수컷의 체표에는 싸운 흔적으로 보이는 상처(상대의 이빨 때문에 평행하게 난 2줄의 상흔)가 흔히 보인다.

이빨 이야기가 나왔으니 유니콘이라는 공상 속 동물의 유래가 된 일각고래(외뿔고래) 이야기도 하고 싶다. 일각고래도 이빨고래의 일종으로 북극권 바다에 서식한다. 윗입술에서 쭉 뻗은 가느다란 드릴 같은 것이 '뿔'처럼 보여서 유럽에서는 이 일각고래로부터 공상 속 동물 '유니콘'을 만들어 내 다양한 이야기에 등장시켰다. 그런데 일각고래의 이것은 뿔이 아니고 분류명이 알려 주듯이 이빨이 발달한 것이다.

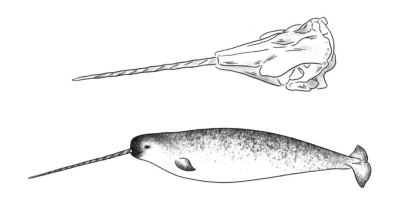

일각고래의 뿔은 원래 이빨이다.

　또 일각고래 역시 성숙한 수컷이 아니면 이빨이 커다랗게 성장하지 않는다. 암컷이나 새끼에게는 외부에서 알 수 있는 이빨이 없다. 수컷의 왼쪽 앞니만 비틀어지며 발달해 윗입술 피부를 뚫고 2미터 가까이 자란다. 일각고래에게도 이빨은 먹이를 소화하는 기관이 아니라 구애 어필의 상징이 되었다. 길고 멋진 이빨을 지닌 수컷만이 사회적 위치를 얻어 암컷에게 구애 행위를 할 수 있을지도 모른다.


## 샤넬 No.5는 향고래의 냄새?

　고래 사체를 부검하다 보면 '괴상한 냄새가 배어든다'는 이야기

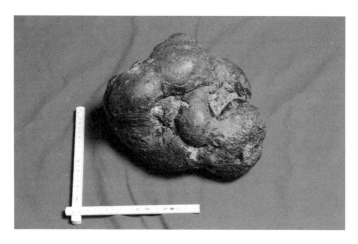

향고래의 장에서 만들어지는 용연향.

를 1장에서 언급했다. 이번에는 고래의 오명을 씻어 주기 위해 좋은 향기에 관한 이야기도 소개해 보겠다.

오랜 옛날 기원전부터 세계 곳곳에서 '용연향(ambergris)'이라는 좋은 향을 내뿜는 담황색이나 흑갈색 덩어리를 귀중히 여겼다. 해안에 떨어져 있는 그 덩어리를 발견하면 이슬람교도는 자리를 정화하기 위한 향료로 이용했고, 이집트 사람들은 신에게 바치는 공물로 이용했다. 유대교의 성서에도 등장한다. 용연향의 인기가 대단히 높은 데다 희소성 때문에 금과 동등한 가치로 유통된 시대도 있었다.

아라비아 전설에도 6세기경 해안에 떠밀려 온 흑갈색 덩어리에서 이루 말할 수 없는 그윽한 향이 나서 당시 페르시아제국의 황제

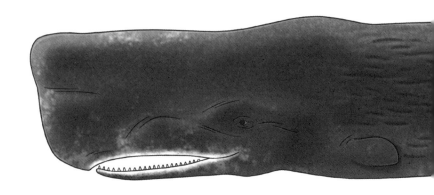

에게 헌상했다는 이야기가 남아 있다. 이 역시 용연향이었다. 그 당시부터 사향과 함께 가장 값비싼 천연 향료로 귀하게 여겨 왕비 세에라자드가 페르시아 왕에게 천 일 밤 동안 들려준 이야기 『천일야화(아라비안나이트)』에도 종종 등장한다.

중세 유럽 귀족 사회에서는 가죽 장갑이 유행했던 시기에 향을 내기 위해 용연향을 썼다. 그리고 20세기 이후에는 향수 산업에 없어서는 안 될 향료가 되었다. 향수에 관심이 있는 여성이라면 알 텐데, 샤넬 No.5는 이 용연향의 주성분을 정제해 만든 것이다.

그렇다면 이 흑갈색 덩어리 용연향은 도대체 무엇일까? 처음에 설명한 대로 고래에게서 온 물질이다. 그것도 놀라지 마시라. 다름 아닌 이빨고래류 가운데 하나인 향고래의 장에서 발견되는 '결석'이다.

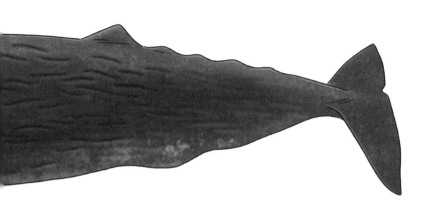

향고래. 약 16미터나 되는 거구로, 크고 모난 머리를 지녔다.

용연향의 정체는 19세기까지 밝혀지지 않았다. 그 후 포경이 왕성하게 이루어지면서 향고래의 장에서 발견되어 마침내 출처가 판명되었다. 왜 하필이면 똥이 만들어지는 장에서 전설에 남을 정도로 향긋한 향을 풍기는 결석이 만들어질까.

용연향의 주요 성분은 '앰브레인(ambrein)'이라는 유기물질과 콜레스테롤 대사물이다. 앰브레인이 많은 용연향일수록 값이 더 나가는데, 이 물질 자체에는 향이 없다. 태양의 자외선과 먹이인 오징어에 함유된 구리가 촉매작용을 하여, 앰브레인이 산화를 통해 분해하는 과정을 거쳐야 비로소 향 성분(앰브록사이드, Ambroxide)이 만들어진다.

이것을 향수로 어떻게 활용하는지 알아보면, 용연향을 5퍼센트 정도의 알코올용액에 담그고 저온에서 수개월에 걸쳐 숙성시킨다.

그러면 앰브록사이드가 더욱 많이 생성된다. 향은 독특한 달콤함이 느껴지면서 우디(woody)하다. 살짝 바다향도 섞여 있다.

아무튼 용연향은 현재에도 여전히 전설적인 희소품이다. 지금까지 향고래의 장에서만 발견되었기 때문이다. 게다가 향고래의 장에서 용연향이 발견될 확률은 100마리 중 1마리, 혹은 200마리 중 1마리라고 한다. 지금은 향고래의 포경이 세계적으로 금지되었기에 새로운 용연향을 얻으려면 기원전에 그랬던 것처럼 해안에 떠밀려 오는 요행을 기대해야 한다.

그런데 기쁜 소식이 있다. 니가타대학의 사토 쓰토무佐藤努 선생의 최신 연구로 용연향의 주성분인 앰브레인을 합성하는 과정이 더욱 상세하게 밝혀졌다. 이 연구가 세계로 보급되면 내가 매릴린 먼로Marilyn Monroe는 아니어도 '잠들 때 샤넬 No.5 몇 방울' 같은 생활을 할 수 있을지도….

과박에도 표본으로 용연향 몇 점이 보관되어 있다. 덕분에 실물 용연향을 보고 만지고 냄새를 맡을 수 있다. 실제 냄새는 오래된 장롱 속 냄새 비슷하달까…. 굳이 따지면 사향 냄새, 혹은 고전적인 향내와 비슷하다. 전시회 등으로 공개할 때가 있으니 기회가 닿으면 꼭 냄새를 직접 맡아 보기 바란다.

사실 향고래에게는 한 가지 더 큰 특징이 있다. 독특한 형태의 머리에 '뇌유'라는 유지 성분이 들어 있다. 이 뇌유를 노리는 사람들 때문에 한때 포경 대상이 되었다. 향고래의 뇌유는 식용, 연료용, 약

용까지 활용 범위가 아주 넓다. 왜 향고래만 용연향과 함께 뇌유를 가졌는지 아직 밝혀지지 않았다. 만화나 애니메이션에 자주 등장해 이빨고래 중에서 널리 알려진 향고래지만, 역시 수수께끼를 잔뜩 간직하고 있는 것이다.

## 고래의 수수께끼는 더욱 깊어진다

인간에게는 왼손잡이와 오른손잡이라는 특성이 있다. 돌고래나 고래에게도 형태는 지느러미지만 우리와 비슷하게 앞발(손)이 있어서 동료끼리 의사를 주고받거나 헤엄칠 때, 방향 전환을 할 때 등 다양하게 이용한다. 그렇다면 왼손잡이나 오른손잡이도 있지 않을까.

실제로 돌고래의 생태를 관찰한 연구자에 따르면, 왼손만 써서 동료의 몸을 문지르는 개체, 오른손만 써서 방향 전환을 하는 개체가 있다고 한다. 이를 과학적으로 해명하려면 돌고래의 팔 부분을 해부해 근육이 붙은 방식이나 신경이 발달한 정도를 알아보아야 하는데, 아직은 돌고래들의 팔을 실제로 관찰해도 좌우 차를 확인하지 못했다.

귀신고래는 반드시 오른쪽을 아래로 하고 먹이를 먹는다. 또 고래의 자궁은 인간과 달리 좌우 두 갈래로 분리되어 있는데, 이를 쌍각 자궁이라 한다. 신기하게도 귀신고래는 반드시 왼쪽 자궁각에서 임신을 한다. 배란은 좌우 난소에서 교차로 이루어지는데 임신은 반드시 왼쪽이다. 고래들의 좌우 차이도 흥미로운 주제다.

'52헤르츠 고래'라고 불리는 고래가 있었다. 1989년, 미국 우즈홀해양연구소의 연구 팀이 발견했는데, 이 고래는 52헤르츠의 특수한 주파수를 띤 목소리로 울었다. 음의 특징이나 소리 지문[音紋]으로 아마도 수염고래류일 것으로 추측했다. 그런데 일반적인 수염고래류 울음소리의 경우, 대왕고래는 10~39헤르츠, 긴수염고래는 20헤르츠 전후로 알려졌다. 이 고래가 기록한 52헤르츠라는 수치는 터무니없이 높은 주파수로, 지금까지 알려진 그 어느 고래에게도 들어맞지 않았다. 일반적으로 인간이 들을 수 있는 주파수의 가청대역은 낮은 소리가 20헤르츠, 높은 소리가 20킬로헤르츠다.

처음에는 실수로 기록했거나 고래가 아닌 다른 생물이 보내는 소리라며 그 존재를 부정했는데, 그 후에도 수년에 걸쳐 이 고래에게서 52헤르츠 주파수를 띤 목소리가 기록되어 분명 살아남아 성장했다는 것을 알았다. 다만 52헤르츠 고래를 아무리 조사해도 다른 종의 고래와 관련 있는 데이터를 얻지 못했다. 따라서 이 개체는 '세계에서 가장 외로운 고래'라고 불린다.

정말로 52헤르츠 음파를 내보낸다면 다른 고래와 의사소통하기 어려울 테니 고독할 수도 있겠다. 그래도 기록된 성장 궤적을 보면, 한 계절에 이동한 거리가 최장 1만 킬로미터를 넘는 때도 있었다고 한다.

이 고래의 정체를 두고 우즈홀해양연구소는 이른바 하이브리드 종(이 경우라면, 대왕고래와 다른 고래의 혼혈종이라는 추측이 유력) 혹은 기형일 가능성을 지적했다. 현재 이 고래의 소식은 끊어졌는데, 발견된 해를 고려하면 어딘가에 살아 있을 가능성이 있다.

이 책을 집필하던 중, 이 고래 이름이 제목에 들어간 소설 『52헤르츠 고래들』(마치다 소노코町田そのこ著 지음)이 일본 서점대상[10]을 수상했다는 소식을 들었다. 고래 이름이 소설 제목에 들어가다니 드문 일이어서 흥미롭다. 기회가 있으면 꼭 읽어 보고 싶다.


## 14마리의 향고래가 떠밀려 온 날


최대 몸길이 16미터 이상, 이빨고래류 중 최대 몸길이를 자랑하는 향고래는 전 세계 바다에 서식한다. 심해성 오징어를 주로 먹고 2,000미터까지 잠수할 수 있다. 그 특징적인 머리에서 강력한 음파를 내보내 대왕오징어 등도 일망타진해 잡아먹는다.

한번 잠수하면 1시간은 부상하지 않으니 고래 관광에는 적합하지 않은 고래지만, 잠수함 같은 형태와 용연향이나 뇌유 같은 향고

---

**10** 서점 직원이 가장 팔고 싶은 책을 직접 투표해서 후보작과 수상작이 결정되는 일본의 문학상. 『52헤르츠 고래들』은 2021년 서점대상 1위 작으로, 우리나라에서는 2022년 출간되었다.

래에게서만 볼 수 있는 특징이 어우러져 무척 인기가 많다. 일본에서는 홋카이도에서 규슈의 가고시마현까지 전국 각지에서 향고래의 좌초가 연평균 3~8건의 빈도로 발생하기 때문에 내게는 추억이 많은 고래다.

잊을 수 없는 2002년 1월 22일. 그날 아침, 가고시마현 작은 마을의 해안에 14마리의 수컷 향고래가 떠밀려 왔다. 10마리가 넘는 고래가 한꺼번에 좌초되는 사건은 당시로는 매우 드문 경우로, 나도 그때까지 경험한 적이 없었다. 게다가 그중 대부분이 살아 있었다. 가고시마현의 수족관 스태프가 곧바로 현장으로 달려가 그날 오후 2시 시점에 11마리의 생존을 확인했다. 우리 과박 스태프를 포함해 각지의 수족관, 대학, 박물관 관계자가 급히 현장으로 갔다.

향고래가 좌초됐다는 보고를 들은 다음 날, 과박 스태프와 함께 당시 도쿄대 대학원생이었던 나도 현장에 도착했다. 전날까지 생존했던 11마리 중 이미 10마리가 폐사했다. 대형 개체는 수중에 있을 때는 부력 덕분에 거구를 수월하게 움직이지만, 육상으로 일단 올라오면 중력의 영향을 받아 제 몸무게를 지탱하지 못한다. 따라서 폐 같은 장기가 짓뭉개져 그대로 두면 순식간에 죽음에 이른다. 도착했을 때는 유일하게 살아남은 1마리를 어떻게든 바다로 돌려보내기 위해 최선의 노력을 기울이는 중이었다. 4시간의 혈투 끝에 간신히 1마리는 바다로 돌아갔다.

지역 수족관 스태프의 설명에 따르면 14마리 향고래는 몸길이

11미터에서 12미터 크기의 수컷으로, 젊은 수컷 집단이었다. 향고래 수컷은 젊을 때는 무리를 이루어 행동하고 성적으로 성숙하면 무리에서 벗어나 독립한다. 교미할 상대를 찾기 위해서다. 즉 이때 좌초된 집단은 독립하기 전의 젊은 수컷 집단이었던 것이다.

고래가 좌초되면 해당 지방자치단체의 판단으로 사체를 적절한 곳에 매립하거나 소각해서 처리한다. 그러나 이때는 12미터급 거구인 데다 그 수도 10마리가 넘어서 자치단체는 고래를 바다에 투기하고자 해양보안청에 허가를 구했다. 자치단체는 조사보다는 13마리나 되는 대형 고래를 재빨리 해안에서 이동시켜 폐기하는 것이 우선이라고 판단했다.

현지에 도착한 전문가들은 허둥지둥 외형 조사를 시작하고, 고래의 해상 폐기를 어떻게든 막기 위해 대책 검토 회의를 열었다. 이와 동시에 각지 박물관 등에서는 좌초된 향고래를 골격표본으로 만들어 보존하고 싶다는 의견을 자치단체에 꾸준히 제시했다. 그런 목소리에 대한 응답으로 해상 폐기는 펜딩(보류)되었다. 부검을 하고 골격표본을 만들려면 상당한 시간과 돈이 든다. 자치단체로서는 한정된 시간 안에 다양한 조건을 검토하고 결단을 내려야 하니 쉽지 않았을 것이다.

자치단체 직원들은 매립지를 선정하고, 지역 어업 협동조합과 주민들을 설득하려고 분주하게 움직였다. 그러는 동안 우리는 최소한의 계측과 촬영을 진행하는 수밖에 없었다. 본격적인 조사는 모

**기중기로 들어 올린 향고래**(가고시마현 해안에 떠밀려 온 개체).

든 허가가 떨어지지 않는 한 시작할 수 없어서, 부패가 진행되는 개체를 앞에 두고 시간만 허무하게 흘러갔다.

사흘째 되는 날, 매립 예정지가 마침내 정해졌다. 그곳에서 해부조사도 하기로 해서 이날부터 정신없는 나날이 시작되었다. 우선 매립 장소까지 고래를 데려가려면 만조에 맞춰 고래를 바다 쪽으로 예항(배로 끌어가는 것)해 대선(해양 작업용 네모난 배)에 연결해야 한다. 그러나 13마리 중 2마리는 회수하지 못해 다음 만조까지 기다려야 했다. 작업이 자꾸 늦어졌다. 그러는 동안 간신히 배에 계류해 놓은 1마리가 유출되었다가 근처 하구로 다시 떠밀려 오기까지….

우리 조사 팀은 그곳에 머무는 동안 근처에 코티지(cottage)를 빌렸다. 수학여행처럼 다 같이 요리하고 빨래하고, 고래 개체에 달 번호표나 샘플 병을 만드느라 바쁜 나날이었다. 계류한 개체가 또 흘러가지 않도록 감시 당번도 정해 다음 날 조사에 대비했다.

4일째, 전날 흘러간 1마리마저 회수해 13마리를 계류한 대선은 아침 만조를 노려 부검을 실시할 해안 앞바다로 향했다. 그러나 아침에는 맑았던 날씨가 급변했다. 급하게 가까운 항구로 대피했다. 또 연기되었다.

인양작업용 대형 네트(고래를 트럭에 싣기 위한 커다란 그물)가 도착하기를 기다렸다가 다음 날 조사를 시작하기로 했다. 고래들의 가슴지느러미가 올라갔다. 부패가 점점 진행된다는 증거였다.

5일째, 다음 날 조사를 위해 자려고 누운 한밤중, 갑자기 누가 코티지 문을 쿵쿵 두드렸다. 놀라서 벌떡 일어나 문을 열자, 심야 감시 당번인 오키나와수족관 스태프가 흠뻑 젖은 채 서 있었다. 긴장과 절망이 서린 얼굴에서 빗방울이 흘러내렸다.

"남자 방이 아니었네요. 죄송합니다."

"이렇게 늦은 밤에 무슨 일이에요? 사고가 생겼나요?"

"사실은 대형 네트가 도착해서 고래를 이동하는 작업을 시작했는데, 고래를 운반할 트레일러의 타이어가 터졌어요. 차체도 파손되어서 스터크(꼼짝 못 함) 상태예요. 육지로 끌어올린 두 번째 고래도 현재 도로에서 대기하는 중입니다!"

또 곤란한 상황이 발생했다. 지금까지 수많은 회의를 거듭하며 각지 박물관과 대학이 매립에 드는 비용을 확보하려 움직였고, 우리도 연일 조사 준비를 했는데 고래를 운반하지 못하면 전부 물거품이 된다.

그 와중에 움직이지 못하는 고래 악취 때문에 인근 주민들이 고충과 불안 어린 목소리를 내기 시작했다. 엎친 데 덮친 격으로 새로운 트레일러를 준비하는 데 시간이 걸린다고 했다. 게다가 트레일러가 새로 와도 망가지지 않는다는 보장이 없었다. 이렇게 됐으니 어쩔 수 없다. 타이어가 터진 트레일러에 태운 1마리 이외에는 해상 폐기하게 되었다. 즉 그 1마리 이외에는 조사하지 못한다. 어떻게든 해결하고 싶어서 하룻밤 꼬박 회의를 했으나 더 이상은 방도가 없었다. 날이 밝기를 기다려 트레일러 위의 1마리만 새로운 트레일러에 옮겨 매립 장소로 이동했다.

7일째, 1마리뿐이지만 드디어 해부와 조사를 시작했다. 골격은 근처 해안에 매립(115쪽 참조)했다. 좌초된 날부터 이미 일주일. 아쉽게도 부패가 진행돼 고래 내부가 자가용해되어 사인을 특정할 수 없었다.

다음 날에는 나머지 12마리를 해상 폐기하기 시작했는데, 차마 포기할 수 없어 틈을 노려 표본 몇 개를 필사적으로 회수했다. 최종적으로 2월 1일 밤, 해상 폐기를 끝으로 모든 작업 종료. 현장에서는 늘 '예상 밖의 일'이 터진다는 것을 사무치도록 경험한 사건이었다.

# 조사하지 못할 때도 있다

대체 이유가 뭐람. 좌초 현상은 내가 바쁠 때 일어나는 것 같다. 그날도 그랬다. 오전 10시경, 이바라키현 수족관에서 연락이 왔다.

"항구 근처에 몸길이 7미터의 고래가 떠밀려 왔습니다."

현지에서 메일로 보내 준 고래의 사진을 확인했는데, 흔히 보지 못한 형태였다. 여울 수면에 떠 있어 전신을 볼 수 없어서 그랬을 수도 있다. 그래도 대부분 머리나 지느러미 등 몸 일부에서 특징을 포착해 종을 동정할 수 있다.

"이거 아무래도 일반적인 종이 아닌가 본데?"

직감하고 당장 현지로 달려가고 싶었다. 과박에서라면 현장까지 차로 1시간도 안 걸린다. 그러나 하필이면 그날은 내가 책임자인 연구 프로젝트 회의가 있었다.

'왜 하필 오늘 같은 날에!' 하고 괴로워했으나, '아니지, 잠깐만' 하고 생각에 잠겼다. 지금부터 지방자치단체가 고래를 매설 장소로 데려가기 위해 기중기나 트럭 등을 준비할 테니까 조사는 내일부터 시작할지도 모른다. 내일이라면 현장에 가서 조사할 수 있어!

"다지마 씨, 진짜 긍정적이시다."

주위에서 황당해했지만, 지금까지 경험으로 미루어 이런 경우에는 조사가 십중팔구 내일로 미뤄지리라고, 이상하게 확신이 섰다. 내 바람은 이루어졌다. 현지에서 "내일 아침에 매립 현장으로 이동한다고 합니다."라고 연락이 왔다.

좋았어! 신이 나서 우리 팀은 오랜만의 조사를 위해 준비를 시작했다. 예정된 회의가 시작하기 전에 거의 준비를 마쳤고 차량도 확보했다. 이제 내일만 기다리자고, 이미 마음은 현장으로 날아가고 있었다.

바로 그때, 수족관에서 다시 전화가 왔다. 아니, 오늘 중에 고래를 매립할 준비를 마쳐서 자치단체의 의향에 따라 지금부터 작업을 시작한다지 뭔가.

이때 나는 진심으로 '회의를 엎을까?' 하고 고민했다. 아니, 신종 고래일지도 모르니까. 회의야 다른 날에도 할 수 있다. 반면에 고래 조사는 오늘만 할 수 있다. 그렇다면 엎어도 봐주지 않을까? 심각하게 갈등했다.

내 의욕을 억누른 것은 다른 스태프의 냉정한 목소리였다.

"아쉽네요. 오늘은 빠질 수 없는 일이 있어서 못 가겠어요."

그렇다. 우리 회의도 빠질 수 없는 중요한 일이다. 엎어 버리면 너무 많은 사람에게 폐를 끼친다. 미련이 진득하게 남았지만 심호흡해 나를 달래고 포기했다. 수족관 스태프가 사진 촬영과 샘플링을 위해 곧바로 현장에 가겠다고 해서 부탁할 수밖에 없었다.

회의를 마칠 무렵, 현장 조사를 마친 수족관 스태프가 고래 사진을 보내 주었다. 사진을 보고 역시 매우 희귀한 종일 가능성이 있다는 것을 알았다. 왜 내가 못 가는 날에 고래가 발견될까, 무척 분하고 아쉬웠지만 어쩔 수 없었다.

　그래도 수족관 스태프가 샘플을 회수해 주어서 마지막 희망은 이어 갈 수 있었다. 그 샘플로 종을 동정할 것이다. 검사 결과에 따라 대왕고래 새끼 이래 '국내 최초'의 귀중한 종이 될 수도 있다. 그러면 파묻은 고래를 다시 파내 재조사하는 것도 검토할 수 있다. 지금 기대를 걸고 동정 결과를 기다린다.

　고래가 좌초되었다는 보고가 들어와도 조사가 여의치 않은 때도 종종 있다. 사정이 있어서 조사를 못 하는 건 어쩔 수 없는데, 하필이면 꼭 그럴 때 중요한 사례인 경우가 많아서 속상하다.

　나를 복제한 로봇이 있으면 좋겠다. 이런 비현실적인 생각을 진심으로 매일같이 한다.


## 전국 모래사장에 잠든 고래들

　14마리 향고래가 좌초됐을 때, 1마리만 부검을 하고 그 1마리의 골격을 '매립'했다고 설명했다. 이 매립은 땅에 묻어 폐기했다는 뜻이 아니다. 장래에 골격표본을 만드는 방법의 하나다.

　고래 골격표본을 만들려면, 뼈에 부착된 동물 단백질과 유지를 최대한 제거해야 한다. 질 좋은 골격표본을 만들려면 고열로 삶는 게 최고다(1장 참조). 해양 포유류 이외에 육상 포유류, 어류, 조류, 양

서류, 파충류 등 척추동물의 골격표본은 예외야 있지만 대부분 고열로 삶는 것이 질로 따져도 가성비로 따져도 제일 좋다.

그러나 10미터를 넘는 고래는 뼈도 크다. 아쉽게도 그 정도 고래 뼈를 삶을 수 있는 시설이 일본에는 없다. 과박의 특수 사이즈 쇄골기도 최대 5미터급 고래가 한계다.

그렇다면 10미터 이상 대형 고래의 골격표본을 못 만드는가? 그렇지 않다. 대형 고래가 좌초된 경우, 자치단체와 의논해 발견한 장소 혹은 그 주변 모래에 '여름 두 해'쯤 매립해 놓고 필요에 따라 다시 발굴한다. 단, 좌초한 고래 사체를 그대로 묻는 게 아니다.

일정한 조사를 마친 후, 골격을 남기기 위한 작업을 해야 한다. 먼저 고래 뼈에 부착된 근육을 나이프로 어느 정도 제거한다. 동시에 골격을 묻을 구멍을 판다. 고래 크기에 따라 다른데, 몸길이 10미터 고래라면 10×5미터 사이즈로 바닥이 평평한 구멍을 판다. 깊이는 골격 위에 1.5~2미터쯤 돋울 수 있는 정도가 이상적이다. 이런 구멍을 사람 손으로는 도저히 팔 수 없으니 지역의 토건업자나 항만사업자에게 협력을 요청한다.

다 판 구멍 안에 한랭사(寒冷紗) 같은 메시 소재 시트를 깔고, 그 위에 뼈가 겹치지 않도록 일정한 간격을 두고 나란히 놓는다. 뼈를 전부 놓으면 전체의 모습을 사진으로 찍고 겨냥도를 만들어 어느 위치에 뼈를 묻었는지 한눈에 알 수 있게 한다. 그다음 뼈 위에 1.5~2미터의 돋운 땅을 만든다. 매립 현장 사방에 말뚝을 박고 블루

고래 뼈를 모래사장에 묻는 작업 풍경.

시트로 덮으면 완벽하다.

이때 매설한 장소의 정보를 확실히 파악해 두어야 한다. 1미터
라도 어긋나면 막상 파려고 할 때 아무리 파도 나오지 않는다. 사진
이나 손으로 그린 겨냥도 이외에 GPS나 주위 랜드마크로부터 계측
수치를 기록해 대비한다.

그래도 자연의 힘은 무시할 수 없다. 해안에 묻었을 때는 특히
주의해야 한다. 2년쯤 지나면 강풍이나 조수의 간만 때문에 상상 이
상으로 지형이 달라진다. 몇 미터 단위로 뼈가 상하좌우로 이동하

기도 한다. 지구도 혹시 생물이었나 하는 착각이 들 정도다.

몇 년이 지나면 드디어 발굴할 때를 맞이한다. 모래 속에서 하얀 골격이 보이면 '무사히 여기 계셔 주셔서 진심으로 감사합니다.' 하고 끌어안고 싶다.

뼈를 묻어 두는 이유는 흙이나 모래 속에 사는 미생물들이 뼈에 부착된 근육과 힘줄, 뼈 안에 쌓인 지방 성분 등의 연부조직을 깨끗하게 분해해 주기 때문이다. 그래서 '여름 두 해' 이상의 세월이 필요한데, 이런 표현은 사계절이 뚜렷한 나라에서만 가능할 수도 있겠다. 묻었을 때보다 깨끗해져 흙에서 모습을 드러내는 뼈를 보면 자연의 힘에 새삼 감동한다. 참고로 골격표본을 만드는 방법은 '삶기'와 '묻기' 이외에 절지동물(수시렁이 등)에게 연부조직을 먹이거나 말똥을 써서 말 장내의 세균총(여러 종류의 세균 집단)이 분해하게 하는 방법도 있다.

이처럼 대형 고래를 매립해 골격표본을 만드는 작업은 참 수고스럽다. 파묻을 때도 파낼 때도 인원이나 예산이 필요하므로 모든 대형 고래를 다 묻지는 못한다. 최대한 많은 골격을 표본으로 남기고 싶은 마음이 간절한데 포기해야 할 때도 많다. 그럴 때는 '머리뼈'나 '골격 일부'만이라도 가지고 가 표본으로 만들기도 한다.

한편 매립한 고래 중에는 '여름 두 해'를 지났는데 회수하지 못하는 것도 있다. 이거야 먹이사슬에 따라 미생물들의 음식이 되었으니 나쁘지 않다. 하지만 고래를 연구하는 학자로서는 아쉬운 마

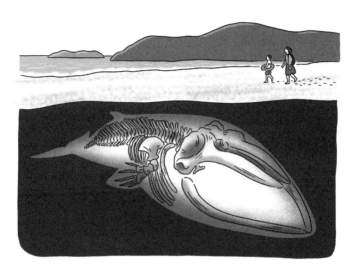

놀러 간 모래사장에 고래가 잠들어 있을지도 모른다.

음이 남는다. 묻어 둔 뼈에서 지금까지 몰랐던 새로운 사실을 발견할 수도 있으므로.

지금도 전국 모래사장에는 발굴을 기다리는 고래 뼈가 아주 많다. 여러분이 가족과 조개잡이를 하는 개펄이나 비치발리볼을 하는 해변 근처에 고래 뼈가 묻혔을지도 모른다. 뼈 같은 걸 발견했다면 부디 연락해 주시기를.

# 고래 골격표본은 1마리당 1,000만 엔?

해양 포유류는 한 개체가 워낙 커서 좌초로 귀중한 고래를 얻어도 수장 방법이나 수장 장소를 준비하려면 한바탕 고생을 해야 한다. 만약 특별전을 개최한다면, 심장이나 신장 같은 장기 표본, 기생충 표본, 가박제 등은 우리 과박 스태프도 제작해서 준비할 수 있다. 그러나 '전시의 핵심'이라면 그에 어울리는 뛰어난 표본이 필요하다. 따라서 전문 표본 박제사에게 발주하는데, 당연히 비용이 발생한다.

해양 포유류는 다른 생물과 비교해 표본 크기가 범상치 않으니 예산 금액이 한 자릿수는 다르다. 예를 들어 골격표본을 전시하려면 뼈 하나하나를 조합해 형태를 만드는데, 이 제작 비용이 상상 이상이다. 대충 시세를 따져보면 1미터당 100만 엔(약 990만 원)이다. 예전에 과박에서 보관하고 있는 몸길이 12미터짜리 오무라고래(수염고래 일종)의 골격표본 제작에 든 비용은 기대하시라 1,000만 엔이 넘는다!

미국 국립자연사박물관은 여객기 격납고를 표본 수장고로 활용해 세계 최대급 동물인 대왕고래의 머리뼈를 멋지게 보관하고 있

다. 한때 일본은 포경 대국으로 이름을 떨치며 대왕고래도 많이 포획했다. 그러나 지금 일본에는 심지어 일본 주위에 사는 대왕고래(성체)의 완벽한 전신 골격이 단 하나도 없다. 그래서 필요할 때는 외국에서 구매해야 한다. 1미터당 100만 엔이라 치고 26미터급 대왕고래를 구매한다면⋯ 3,000만 엔 가까이 든다. 이와 별도로 외국에서 실어 오는 운송비도 만만치 않다. 그러니 간단히 대왕고래 특별전을 개최하지 못하는 게 현실이다.

고래 1개체만 추가하고 싶어도 다른 생물과 비교도 안 되게 예산이 뛴다. 꼭 고래만 그런 건 아니지만, 재무과와의 교섭도 박물관인으로서 중요한 업무다.

◆ 3장 ◆

# 좌초 현상의 수수께끼를 쫓다

## 좌초가 뭐예요?

해양 포유류와 관련한 일을 하는 사람에게 '좌초'라는 단어는 '밥을 먹는다'와 비슷한 수준의 일상적인 말이다. 그래서 우연히 만난 다른 업종 사람에게도 무심코 "어제 ○○해안에서 좌초가 일어나서 차로 부리나케 달려갔는데, 아휴, 진짜 힘들었어요."라고 당연하게 말한다.

그러면 상대는 어리둥절한 표정으로 반문한다.

"좌초가 뭐예요?"

그때마다 '아, 그렇구나. 좌초라는 단어가 아직 대중에게는 알려지지 않았네.'라고 깨닫고, 우리가 더욱 열심히 알려야 한다고 다짐한다. 국립과학박물관에서는 정기적으로 전시회를 개최하고 홈페이지에도 최신 정보를 계속 올리는데, 특별한 계기가 없으면 박물관 홈페이지의 존재도 모를 테니 당연한 일이다.

"도대체 좌초가 뭐죠?"

자, 이 의문을 자세히 설명해 보겠다.

좌초는 영어로 '스트랜딩(stranding)'으로, 스트랜드(strand)의 동명 사형이다. 스트랜드라는 단어가 원래 수중(바다나 호수, 하천 등)과 육상의 경계인 '물가'를 가리킨다. 또 수중에서 육지로 향하는 동사로도 사용된다.

예를 들어 운항 중인 배가 여울로 올라와 암초에 얹히거나 차가 모래사장에서 꼼짝 못 하는 상태도 스트랜드라고 하고[차는 스터크(stuck)라고 부르는 경우가 많다], 자기 힘으로는 그 상황에서 빠져나오지 못해 옴짝달싹 못 하는 상태도 스트랜드 혹은 스트랜딩이라고 표현한다.

마찬가지로 해양 포유류가 어떤 이유로 육지에 떠밀려 와 자기 힘으로는 바다로 돌아가지 못하는 상황을 스트랜딩이라고 한다. 흔히 '좌초'나 '표착'으로 번역한다. 전문가 사이에서는 좌초된 개체가 살아 있으면 '라이브 스트랜딩(생존 좌초)', 죽었을 때는 '데드 스트랜딩(사체 좌초)'으로 구분하기도 한다.

또 고래를 포함한 해양생물은 2마리 이상 좌초되는 경우도 적지 않다. 어미와 새끼 이외에 여러 개체가 좌초된 경우를 '매스 스트랜딩', 곧 집단 좌초라고 한다. 2장에서 소개한 젊은 향고래 집단이 해안으로 떠밀려 온 경우가 집단 좌초다.

고래를 포함한 해양생물의 좌초는 해안선이 있는 곳이라면 어디서든지 벌어진다. 일본은 사면이 바다이고, 전 세계 고래의 약 절반이 근해에 서식하거나 회유하고 있어서 연간 300건 가까이 좌초

보고가 들어온다. 이것은 어디까지나 보고된 건수이니 알려지지 않은 건수를 포함하면 더 많을 것이다.

일본처럼 섬나라여서 바다와 맞닿은 영역이 많은 영국에서는 매년 연간 500건 가까운 좌초가 보고된다. 그러니 일본의 '300'이라는 숫자가 세계적으로 유달리 많은 건 아니다. 아무튼 거의 매일 일본의 어느 해안에서 좌초가 발생한다는 계산이다.

## 좌초 지도로 알 수 있는 것들

일본은 바다로 둘러싸여 있으니 어느 해안에서든 좌초가 벌어질 가능성이 있다. 좌초가 보고되지 않은 해안도 있는데, 대부분 사람이 살지 않는 지역이거나 거의 방문하지 않는 해안이다.

사체로 발견된 고래도 반드시 좌초된 곳에서 죽었다고 할 순 없다. 바다에서 죽은 후 해류를 따라 흘러왔거나 다른 해안에서 죽은 개체가 파도나 해류를 타고 이동했을 수도 있다.

어느 쪽이든 본래 서식 해역을 크게 벗어나 좌초되는 경우는 드물다. 계절에 따라 회유하는 종은 일본 근처를 회유하는 시기에 좌초가 발생한다. 남방계 종은 난세이제도부터 규슈나 시코쿠 부근까지, 북방계 종은 홋카이도부터 도호쿠 지방까지 각각 좌초가 발생하는 경향이 있다.

뱀머리돌고래

라우스정

홋카이도

검은망치고래

**일본 서쪽 해역**

낫돌고래 도마코마이시

큰이빨부리고래
밍크고래
낫돌고래

도호쿠지방

**전역**

혼슈

범고래
향고래

도쿄

**태평양**

서코쿠

유이가하마

대왕고래
참고래
민부리고래
큰이빨부리고래
허브부리고래
은행이빨부리고래

규슈

상괭이
남방큰돌고래

가고시마현 쇠향고래

줄박이돌고래
큰머리돌고래
고양이고래
큰돌고래

오키나와

난세이제도

오가사와라제도

혹등고래

일본 근해의 좌초 지도.

북반구의 혹등고래는 여름철이면 먹이가 풍부한 고위도지방인 알래스카 주변에 서식하는데, 가을부터 초봄까지 번식 해역인 오키나와나 오가사와라제도로 회유한다. 이때가 인간에게는 고래 관광 성수기다. 새끼를 낳은 혹등고래는 다시 알래스카 주변으로 돌아가는데, 그 과정에서 일본 연안을 지난다. 이 시기에 비교적 어린 고래가 좌초되는 이유가 바로 그 때문이다.

　　또 줄박이돌고래나 고양이고래(돌고래 종)는 초봄에 일본 연안에서 좌초 건수가 늘어난다. 이 시기에 먹이를 쫓아 구로시오해류를 타고 북상하기 때문이다. 한편 일본 연안에 상주 서식하는 돌고래 종(상괭이, 남방큰돌고래)은 1년 내내 좌초 보고가 있고, 출산하는 봄이나 가을에는 유체나 신생아의 좌초도 많이 일어난다.

　　서식 해역이나 회유 해역에서 많이 벗어난 곳에서 좌초된 개체가 발견된다면, 대부분 분명한 원인이 있다. '병에 걸렸는가?', '천적에게 쫓겨 좌초했는가?', '기생충 때문에 방향감각이 정상으로 기능하지 않았는가?' 등의 원인을 주의 깊게 조사해야 한다.

　　이 외에 여름철 태풍이나 겨울철 거친 파도로 바다에서 해안으로 강풍이 불면, 외양성 개체도 좌초될 때가 있다. 어업이 왕성한 지역에서는 어망에 걸리거나 어구에 걸려 좌초되기도 한다.

　　가끔 실수로 바다에서 강으로 들어와 그대로 거슬러 올라가는 개체도 있다. 염분 있는 해수에서 담수로 이동하면 바다에 적응한 포유류는 거의 살아남지 못한다. 2002년에 도쿄도와 가나가와현

경계를 흐르는 다마강에서 모습을 드러내 선풍적인 인기를 누렸던 물범 '다마짱'이 어떻게 하천에서도 그렇게 건강했는지는 5장에서 물범을 설명할 때 언급하겠다.


## 왜 고래는 해안에 떠밀려 오는가


박물관 전시회나 강연 등에서 좌초에 관해 설명할 기회도 많다. 가끔 좌초 조사 현장에서 구경하러 온 사람들에게 설명할 기회도 운 좋게 있는데, 그럴 때면 정말 기쁘다. 실물 고래 바로 앞에서 설명하면 다들 흥미진진하게 귀를 기울인다.

본래 부검을 할 때는 시간과의 싸움이라 부지런히 작업을 진행해야 하므로 한창 작업하는 중에는 질문을 받아도 대답하지 못할 때가 있다. 이 점은 양해를 구한다. 나는 조사가 일단락한 시점이라면 최대한 일반인의 질문에 답하려고 노력한다.

"이 고래는 왜 해안에 떠밀려 왔죠?"

"왜 죽은 거죠?"

이런 질문에는 늘 이렇게 대답한다.

"바로 그거예요! 저희도 그 이유를 알고 싶어서 이렇게 피범벅이 되어 조사하는 거랍니다!"

또 일본 해안에서 매일같이 해양 포유류의 좌초가 일어난다고 설명하면, "와, 진짜요!" 하고 모두 깜짝 놀란다. 고래가 해안에 떠밀려 온 영상을 뉴스에서 본 적이 있어도 드물게 생기는 일이라고 생각하는 사람이 많다. 그 외에 "피부 감촉은 어때요?", "이빨이 있어요?", "눈은 어디에요?" 등 개체를 보고 느낀 점을 흥미진진하게 묻는다.

다만 여러분이 제일 궁금하게 생각하는 "좌초의 원인은 뭐죠?"라는 질문에 속 시원하게 답변할 수 없는 안타까움이 늘 마음속에 응어리로 남는다.

좌초된 해양 포유류를 조사하는 목적은 연구 주제에 따라 다르다. 그러나 왜 고래가 죽었고 왜 해안에 좌초했는가, 이 두 가지는 연구자뿐 아니라 일반인에게도 가장 많이 받는 질문이다. 나 역시 이 세계에 뛰어든 동기가 바로 '좌초의 원인을 해명하고 싶다'였으니, 여러분과 같은 의문을 품었던 셈이다.

세계 각지에서 발생하는 좌초의 원인은 각양각색이며, 여러 원인이 서로 얽힌 경우도 많다. 좌초되는 생물도 포유류만 있는 게 아니다. 바다거북이나 넓은주둥이상어, 대왕오징어 등도 좌초된다.

자연의 섭리에 따라 생물은 언젠가 죽는다. 그 결과 우연히 해안에 떠밀려 왔다면 그럴 수도 있다고 이해할 수 있다. 그러나 실제 좌초된 개체를 조사해 보니 그런 이유만은 아니라는 사실이 조금씩 밝혀졌다. 전 세계 연구자가 좌초의 수수께끼를 풀기 위해 적극적으로 도전하는 중이다.

해양 포유류가 좌초하는 원인으로 지금까지 알려진 것은 다음과 같다.

첫 번째, 질병이나 감염병이다. 우리 인간과 마찬가지로 해양 포유류도 위독한 질병이나 감염병에 걸리면 죽는다. 그런 개체가 좌초된 사례는 세계적으로 많이 알려져 있다. 전염성이 높은 병원체라면 단번에 많은 개체가 죽어 집단 좌초한다. 1마리라도 위독한 질병이나 감염병에 걸렸다면 그 개체를 조사하고 연구함으로써, 질병 요인이나 수족관에서 사육하는 개체의 치료법을 찾을 실마리를 얻는 것으로 이어지기도 한다.

두 번째 원인은, 먹이 추적이다. 먹이가 되는 어류나 두족류(오징어, 문어 등)를 쫓는 데 열중해 여울로 들어왔다가 좌초하는 상황도 종종 있다. 해양 포유류는 수중에 있는 동안에는 부력 덕분에 수십 킬로그램에서 몇 톤이나 되는 몸무게를 문제없이 움직이지만, 일단 뭍에 올라오면 중력이 단숨에 작용해 자기 몸을 스스로 움직이지 못한다. 그 결과 좌초하는 것이다.

세 번째 원인은, 해류 이동을 착각하는 것이다. 일본 주변의 해역에는 계절별로 다양한 해양생물이 해류를 타고 이동하는데, 이동 시기를 착각해 좌초하기도 한다.

예를 들어 남쪽에서 북상하는 종류는 원래 살던 곳이 남방이므로 추운 지역을 싫어한다. 그래도 먹이를 쫓거나 교미 상대를 찾거나 새로운 서식 해역으로 이동하려는 이유 등으로 초봄부터 초여름

난류인 구로시오해류와 한류인 오야시오해류가 부딪치는
냉수괴에 갇혀 좌초하는 고래들.

에 걸쳐 난류인 구로시오해류를 타고 북쪽으로 간다. 이 과정에서
초봄에 제일 먼저 북상한 개체군이 정기적으로 이바라키현이나 지
바현 연안에 대량 좌초한다. 이런 개체는 조사해도 질병이나 감염
병이 없어서 원인을 해명하는 데 오랫동안 애를 먹었다. 그러다가
좌초했을 때의 해류와 날씨를 조합했더니 흥미로운 사실을 알 수
있었다.

지바현 조시시 앞바다의 약간 북측에 난류인 구로시오해류와
한류인 오야시오해류가 부딪히는 '아한대수렴선'이라는 해역이 있
는데, 구로시오해류와 오야시오해류가 부딪히는 연안 쪽에 발생하

는 '냉수괴'[1]와 좌초하는 지점이 거의 일치했던 것이다. 그렇다면 초봄에 북상한 남방계 고래 종이 실수로 이 냉수괴에 트랩되어(갇혀서) 그대로 대량 좌초했다는 가설을 세울 수 있다. 이후로도 비슷한 발생 사례가 확인되어 특정 지역이나 개체군에서 이 가설이 유력하다는 사실을 알아냈다.

또 예외적인 사례로 2011년 3월 11일 동일본대지진이 발생했을 때, 그보다 약 일주일 전인 3월 6일에 이바라키현에서 고양이고래가 50마리 가까이 집단으로 좌초했다. 또 2011년 뉴질랜드에서 진도 7의 대지진이 발생했을 때도 그 직전에 긴지느러미들쇠고래가 100마리 이상 재해지 근처 해안에 집단 좌초했다.

동일본대지진 때는 지진이 일어나기 몇 주 전부터 네무로해협[2] 해저 케이블에 설치된 음성녹음 데이터에도 땅 울림 같은 소리가 반복적으로 녹음되었다는 사실이 이후 알려졌다. 이바라키현 해안에 좌초된 고양이고래를 부검했을 때, 감염병 같은 질병은 발견되지 않았다. 그렇다면 이 두 가지 사례는 전대미문의 지진 때문에 벌어진 좌초일 수도 있다.

다만, 그렇다고 '지진 대국인 일본이어서 연간 300건이나 고래

---

1    해류 사이에 생기는 물 온도가 주위 해역보다 현저하게 낮은 해역.
2    일본과 러시아 사이에서 쿠릴열도 분쟁(쿠릴열도 20여 개 섬 중 4개 섬을 둘러싸고 두 나라가 벌이는 영유권 분쟁)이 일어나고 있는 홋카이도 동안과 쿠나시르섬 사이의 해협. 쿠나시르해협이라고도 한다.

좌초가 일어나는가?'라고 추측하기에는 이르다. 지진 발생 시기와 좌초 현상 발생 시기를 검증해 봤는데, 아직은 인과관계를 뒷받침하는 데이터가 없다. 이 밖에 자기장설이나 기생충설 등 다양한 학설이 보고됐지만, 전부 특정한 사례에만 해당하는 가설이어서 모든 좌초 사례를 반영하지는 못하고 있다.

조금씩 원인을 해명하고 있으나 해양 포유류 좌초의 본질적인 원인을 아직 알아내지 못했기에 우리는 조사를 이어 간다.


## 조사 도구는 일류를 써야지


스키에 푹 빠졌던 학창 시절에 실력이 뛰어났던 선배가 스키를 잘 타려면 복장부터 갖추는 게 비결이라고 알려 주었다. 지금 이 일을 시작한 후로 여러 상황에서 그 말이 생각난다.

좌초 조사 때도 적절한 도구와 복장을 갖춰야 효율적으로 정확하게 조사할 수 있다. 예를 들어 측정기. 측정할 때 쓰는 기기의 성능은 매우 중요하다. 좌초 조사는 좌초한 해양 포유류의 몸길이나 지느러미 길이를 재는 것부터가 시작이다. 최초의 측정치를 바탕으로 종을 특정하고, 성장 단계나 번식기를 추정한다. 약간의 오차로 최초의 측정이 틀릴 수도 있다. 그러니 뛰어난 측정기를 사용해야 한다.

숱한 시행착오를 겪은 결과, 건축 측량 현장에서 쓰는 기기와 도구를 응용해서 쓴다. 스태프(표척, 측량기구), 접자, 줄자, 프리즘 폴(측량기구), 강철 줄자가 대표적이다. 역시 업계 최고의 기구는 가격이 비싼데 성능도 뛰어나다. 참고로 최고 업체 중 하나가 내 성씨와 같은 'TAJIMA'다. 스태프들이 "역시 TAJIMA의 강철 줄자가 좋지…" 같은 대화를 나누면 괜히 쑥스럽다.

측정이 끝나면 좌초된 개체를 촬영한다. 이때 쓰는 카메라의 성능도 연구·조사에 크게 영향을 준다. 이 일을 처음 시작했을 때는 아직 필름 카메라가 주류여서 촬영한 사진을 현장에서 확인하지 못했다. 며칠이 지나 현상소에서 온 사진이 초점이 나갔거나 중요한 지느러미 부분이 프레임에서 벗어나 실망한 적도 있다.

가끔 필름 넣는 방향을 착각한, 정말 웃지 못할 큰 실수도 저질렀다. 지금은 디지털카메라나 스마트폰 덕분에 이런 실수는 사라졌고, 촬영하자마자 전국 연구자의 요청에 따라 메일이나 SNS로 사진을 보낼 수도 있다. 좌초 조사의 초기 대응도 당연히 빨라졌다. 최근에는 드론이나 방수 기능을 갖춘 소형 경량 디지털 비디오카메라를 활용해 18미터급인 수염고래의 전신을 간단히 촬영할 만큼 발전했다.

이런 최신 기기가 속속 등장해 편의성이 좋아진 것은 기쁘기 그지없는데, '비용' 때문에 골치가 아프다. 최고 업체의 최신 기기는 성능이 좋은 만큼 가격도 어마어마하다. 드론이나 디지털 비디오카메

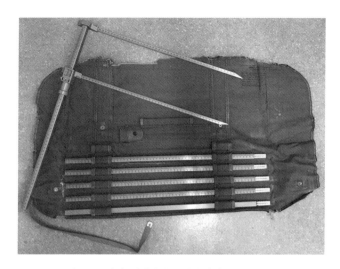

앤스로포미터. 비싸지만 그만한 가치가 충분하다!

라 최고급품은 눈이 튀어나올 정도의 금액이다. 게다가 좌초 현장
은 워낙 정신이 없다. 어떤 사고가 생겨 막 구매한 고가 기기가 망가
지거나 침수될 가능성도 얼마든지 있다.

　그러니 "무난한 가격의 장비면 되지 않나요?"라는 회계 팀의 말
에 반사적으로 고개를 끄덕이려고 한다. 이럴 때면 늘 앞서 언급한
스키 실력이 뛰어난 선배의 말이 떠오르곤 한다.

　박물관에 수장된 골격표본을 측정할 때, '앤스로포미터(anthro
pometer, 인체 측정기)'라는 믿을 수 없이 고가인 측정 기구를 쓸 때가
있다. 앤스로포미터는 원래 사람 골격을 잴 목적으로 만든 기구로
1대의 가격이, 기대하시라, 100만 엔(약 990만 원)쯤 한다. 그래도 그

만한 가치가 충분하다. 가지고 다닐 수 있는 조립식인데, 조립법도 세심하게 신경 썼고, 부품 하나하나도 몇 밀리미터 단위로 정교하게 만들어서 정확한 측정치를 산출할 수 있다.

나는 이 앤스로포미터를 사용해 해외 여러 나라의 박물관에 수장된 수염고래 머리뼈를 측정했다. 당시 전임자인 야마다 다다스 선생이 신종 고래의 기록을 진행했는데, 관련 업무에 몇 번인가 동행해 작업 보조를 담당했다. 골격표본의 정확한 데이터를 분석하다가 신종을 발견한 적도 있다.

스웨덴에서는 원래 마구간이었던 수장고에서 측정했다. 난방도 없는 실외여서 내쉬는 숨은 새하얗고, 장갑 없이는 손이 금세 곱을 정도로 추위에 떨었던 기억이 생생하다. 한편 네덜란드에서는 중요 문화재급의 멋진 외관을 자랑하는 수장고에서 측정했다. 이때 쉬는 시간에 먹은 네덜란드 명물 와플의 맛을 지금도 잊지 못한다.

미국에서는 원래 비행기 격납고였던 수장고에서 측정했다. 그곳에 표본으로 수장된 비행기와 나란히 놓고 보니까 아무리 고래 머리뼈라도 작아 보였다. 태국에서는 고래를 바다에서 온 신성한 존재로 여겨 절이나 길가에 모시는데, 그 고래들의 머리뼈를 측정하기 위해 2주간 조사 여행을 한 적이 있다. 이때 총 53마리의 수염고래를 조사했다.

대만에서는 알고 지내는 동물 병원의 2층 비품실 같은 곳에 보관된 고래 머리뼈를 측정했다. 현지인 말에 따르면 대만의 계절은

'덥다'와 '훨씬 더 덥다'의 두 가지라는데, 이때는 '훨씬 더 덥다' 시기의 한여름이어서 땀이 어찌나 나던지, 입은 옷을 짤 수 있을 정도로 땀을 흘리며 측정했다.

나라가 바뀌면 고래 뼈 보관 장소도 다양하게 달라진다는 것을 알 수 있었던 귀한 경험이었다.

## 외형 조사로 원인을 찾다

좌초된 개체는 먼저 외측을 관찰하는 게 중요하다. 이는 좌초의 외적 요인을 찾기 위한 것으로, 이러한 작업을 '외형 조사'라고 한다. 좌초의 주요 외적 요인과 체크 항목은 다음과 같다.

### ① '혼획' 체크 항목

고래나 물범도 인간이 먹는 어패류를 좋아하기에 먹이를 쫓다가 실수로 그물에 걸리기도 한다. 이를 '혼획'이라고 한다. 그럴 때는 목이나 꼬리지느러미에서는 그물에 걸려서 생기는 네트 마크(어망흔)를, 입과 가슴지느러미에서는 자망에 부딪쳐서 생기는 열상흔을 관찰할 수 있다. 또 어망 자체가 지느러미나 몸에 휘감길 수도 있으므로 이런 흔적들을 확인한다.

① ② ③ ④

외형 조사의 네 가지 체크 항목.

② '사고' 체크 항목

배와 충돌하거나 배의 스크루나 프로펠러에 다친 상처가 있는지 확인한다.

③ '천적' 체크 항목

해양 포유류의 천적은 범고래나 대형 육식 상어로, 천적에게 물어뜯긴 흔적이나 먹힌 흔적이 있는지 확인한다.

④ '감염병' 체크 항목

우리 인간은 감기에 걸리면 눈물과 콧물을 줄줄 흘리는데, 해양 포유류에게도 감기 같은 감염병이 있다. 이 경우는 분기공이나 항문 등의 천연 구멍에서 대변 같은 색의 점액이나 악취가 나지 않는지, 눈이나 입 점막에 이상은 없는지, 또 피부병에 걸리지 않았는지 확인한다.

물론 개체에 따라 상황이나 상태가 다를 가능성이 있으니 하나도 빠뜨리지 않도록 온 신경을 집중해 관찰하고 기록한다.


인간이나 반려동물, 젖소 같은 산업 동물은 상태가 안 좋으면 각종 검사를 하고 치료할 수 있다. 그런데도 안타깝게 죽었을 경우, 검사 결과나 임상 증상 등 생전의 정보가 사인을 특정하는 데 큰 도움이 된다. 그러나 야생동물은 대부분 죽기 직전의 정보를 알 방법이 없다. 따라서 죽어 버린 상태를 빠트리지 않고 조사해 사인으로 이어지는 실마리를 찾는 것이다.


## 장기 조사는 '힘쓰는' 작업


좌초된 개체의 외형 조사를 마치면 드디어 내부를 조사하기 위해 부검을 시작한다. 고래 해부에 쓰는 도구나 기구는 텔레비전 의학 드라마의 수술 장면에서 자주 등장하는 것들과 비슷하다. 수술용 해부칼, 메스, 핀셋, 겸자, 수술용 가위 등으로, 내가 대학 시절부터 애용했던 수의과 영역의 도구들이다.

수술용 이외의 필수품으로 '갈고리'가 있다. 나무로 된 자루 끝에 금속 갈고리가 달린 그것, 어시장에서 대형 생선이나 물고기 가득 담긴 상자를 끌 때 흔히 사용하는 것이다. '갈고랑이'라고도 하는데, 이 도구가 부검을 할 때도 맹활약한다. 장기를 꺼내기 전에 고래의 두꺼운 피부와 방대한 근육을 벗겨 내야 하는데, 갈고리로 피부를 당기면서 날붙이로 칼질을 하면 부드럽게 벗길 수 있다.

초보자 시절, 선배들에게 '당기는 게 90, 칼질이 10'이라고 배웠다. 즉 갈고리로 피부를 얼마나 잘 당기느냐에 따라 피부를 벗겨 내는 작업의 진척 정도가 결정된다는 뜻이다. 그런데 이게 상상 이상으로 '힘쓰는' 작업이다. 피부가 처지면 잘 잘리지 않는다. 계속 팽팽

여럿이 갈고리로 피부를 잡아당기고 칼로 자른다.

한 상태를 유지해야 하는데, 자를수록 당겨야 하는 피부 범위가 커져서 힘이 더 들어간다.

5미터쯤 되는 개체라면, 나는 거의 혼자서도 피부를 벗길 수 있다. 나름 힘이 센 편이다. 그러나 수염고래나 큰부리고래처럼 10미터가 넘고 피부가 아주 튼튼한 고래 종은 사방 1미터만 잘라도 벌써 녹초가 된다. 팔의 힘만으로는 도저히 무리여서 두 손으로 갈고리를 들고 허리를 써서 온몸으로 잡아당긴다. 처음 자르기 시작할 때는 혼자 당길 수 있어도 계속 자르다 보면 점점 무거워져 사람 힘이 더 필요하고, 나중에는 5~6명이 잡아당기기도 한다.

15미터를 넘는 대형 고래는 아무리 힘에 자신 있는 남성이라도 혼자 피부를 벗기기란 불가능하다. 어느 정도 인원이 된다 해도 갈고리만으로 대형 고래의 피부를 벗기는 데는 한계가 있다. 그럴 때는 피부에 구멍을 뚫어 와이어를 달고, 그 와이어를 파워셔블(동력샵)로 당긴다.

파워셔블 같은 중장비도 조사에 없어서는 안 될 숨은 실력자다. 이제는 나도 파워셔블의 크기를 '콤마 45', '콤마 1 이상' 같은 전문용어로 지정할 수 있다.

'콤마'란, 파워셔블의 버킷(팔 끝에 달린, 땅·암석을 파내거나 뚫는 부분)의 크기로, 그에 따라 파워셔블 전체의 크기나 능력이 정해진다.

몸길이 16미터 이상 향고래라면 최소한 콤마 45짜리 파워셔블 2대를 써야만 그 거대한 머리를 움직일 수 있다. 거대한 머리를 파워셔블로 능숙하게 움직이는 전문가들의 조작 기술은 언제 보아도 감탄이 나온다. 본업도 아니고, 아마도 처음 만나 보는 고래라는 생물을 움직여야 하는데도 임기응변으로 멋지게 대처한다. 그런 태도에서 장인정신을 느낀다. 조사를 마칠 때쯤에는 늘 그들과 절친이 된다.

여기까지의 작업만으로도 체력이 상당히 소모된다. 그러나 해

파워셔블과 인해전술로 대형 고래를 당긴다.

부 조사에서 피부 벗기기는 첫 단계이니, 본격적인 장기의 병리학적 조사는 이제부터가 중요하다.

## 조사 현장의 필수품

포경 전성시대에는 거대한 대왕고래도 배 위에서 인간이 해체했다고 한다. 대왕고래 유체의 크기에 기겁한 나로서는 성체를 선미에 있는 슬립웨이(slipway)를 통해 윈치를 써서 배 위로 끌어 올려 해체하던 시대가 도저히 상상이 안 된다. 최신 기기가 없어도 인간

은 역시 경험과 지혜로 다양한 일을 해내는 힘을 지녔다.

그런 시대에 탄생한 도구 중 하나로 '고래 칼'이 있다. 현재 제작하는 회사가 일본에만 딱 한 곳 있는데, 언월도(偃月刀)처럼 생긴 '큰 칼'과 나무 자루가 달린 '작은 칼'이 있다. 이 역시 대형 고래를 조사할 때 없어서는 안 되는 도구다. 알고 지내던 네덜란드 연구자가 일본에 왔을 때 큰 칼을 보고 감동해, 귀국 후 해당 회사에 고래 칼을 주문한 에피소드도 있다. 세계적으로 매우 귀중한 칼인 듯싶다.

큰 칼은 고래의 피부를 벗기거나 머리를 절단하는 대규모 작업에 쓰고, 작은 칼은 등에 있는 척추뼈의 추간판을 잘라 해체하거나 근육을 벗길 때 쓴다. 고래 칼도 일반적인 요리용 칼과 마찬가지로 잘 들게 하려면 틈틈이 갈아야 한다. 우수한 전문가가 간 고래 칼은 거대한 고래의 두툼한 피부도 최소한의 힘으로 서걱서걱 자를 수 있다. 마법의 지팡이 같다.

한편 장기는 작은 칼보다 더 작은 해부칼을 써서 하나하나 잘라내 사진을 찍고, 중량을 잰 후 필요한 부위를 회수한다. 장기 조사를 할 때는 먼저 사인을 찾는다. 인간과 같은 포유류인 고래는 우리와 같은 병에 걸린다. 유방암이나 림프종 같은 암, 독감, 뇌염, 폐렴, 방광염 같은 감염병부터 심장병이나 당뇨병 같은 대사 질환, 동맥경화도 걸린다.

최근 들어 돌고래의 뇌에서 노인성 반점이 발견되어 알츠하이머병에 걸릴지도 모른다는 가설도 나왔다. 기타 기생충 감염, 환경

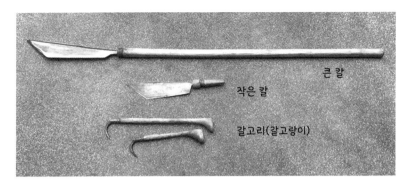

큰 칼

작은 칼

갈고리(갈고랑이)

고래 칼(큰 칼과 작은 칼)과 갈고리.

오염물질로 인해 내분비샘(갑상샘이나 부신)이나 생식샘(난소와 정소)
이 받은 영향도 관찰한다.

　또 생활사를 알아보기 위해 생식소를 보고 성 성숙도도 관찰한
다. 우리 인간도 그렇듯이 신체적 성숙('키가 몇 살까지 자라는가?')과
성적 성숙('자손을 남기기 위해 생식기가 기능하는 나이는 몇 살인가?') 시
기는 보통 어긋난다. 대부분 성적 성숙이 먼저이고 그 후에 신체적
성숙이 찾아온다.

　'이상'을 발견하려면 해당 동물의 '정상'을 파악해 둬야 한다. 해
양 포유류는 다시 바다로 돌아간 독특한 친구인 만큼 장기도 특유
의 적응 진화를 거쳤다. 그런 배경에서 무엇이 이상이고 무엇이 그
들 특유의 진화이자 정상 범위인지 정리해서 이해해야 하고, 그것
을 숫자로 기록해 데이터를 축적해야 한다. 매일매일 단련하고 계
속하는 것이 힘이 된다는 말, 바쁠수록 돌아가라는 말을 늘 마음에

한여름에도 중무장이 기본이다.

새긴다.

작업하는 동안에는 온몸에 고래의 혈액이나 기름이 튀어 앞에서 이야기한 것과 같이 정신 차리고 보면 공중화장실에 들어가지 못할 꼴이 된다. 그러니 부검을 하러 갈 때는 방유(防油) 효과가 뛰어난 장화를 신고, 때가 잘 빠지는 저렴한 작업복을 입는다. 발이 물에 빠지는 곳은 멜빵형 고무 작업복을 입고, 여름철에는 빛을 가리기 위한 밀짚모자가 필수다.

피범벅에 기름범벅에 땀범벅, 거기에 밀짚모자를 쓰고 방송국 인터뷰를 한 적도 있다. 우연히 영상을 본 가족이나 친구에게서 수고한다는 위로가 아니라 비난이 쇄도했다.

"꼴이 너무 심하잖아."

"그 밀짚모자는 진짜 아니다."

예쁜 모자를 몇 개 받은 적도 있다. 그런 모자를 몇 번쯤 써 봤는데, 조사 현장에서는 역시 멋보다 기능이 최고다. 예전부터 농부가 쓴 밀짚모자가 제일 편하다. 애초에 피범벅인데 예쁜 모자를 쓰면 미스매치여서 오히려 무섭지 않을까. 선물 받은 모자들은 지금도 옷장 속에 고이 간직되어 있다. 아, 이건 비밀이다.


## 유치원생 아이들에게 즉석 '고래 교실'을 열다

좌초 조사 현장에 그 지역에 사는 아이들이 찾아올 때가 있다. 그러면 즉석에서 '해양생물 교실'을 열기도 한다. 지난번에는 현장학습으로 해안에 와 준 유치원생 아이들이 흥미를 보이며 다가와서 내가 먼저 말을 걸었다.

"여러분, 안녕하세요! 오늘은 우리 모두 고래 박사가 되어 볼까요? 고래가 뭔지 알아요?"

고래 장기를 늘어놓은 곳에서 손짓하자, 아이들이 달려와 반짝이는 눈으로 고래에게서 꺼낸 장기를 바라보았다. 경험상 초등학교 저학년까지는 고래 사체나 장기를 봐도 대부분 두려워하지 않는다. 두려워하기는커녕 처음 보는 신기한 물체에 호기심이 왕성하다.

"여기 있는 건 고래 장기예요. 어느 게 심장인지 아는 사람?"

그러면 "이거!", "아니야, 저거예요!" 하고 제각기 대답한다.

"짜잔, 심장은 이겁니다!"

심장을 가리키면 "되게 크다!" 하고 까르르 좋아한다. 그러다가 익숙해지면 "언니(누나)는 여기에서 뭐 해요?" 하고 질문한다. '언니' 라는 말을 들으면 기운이 난다.

"언니는 고래가 왜 이 바닷가에서 죽었는지 조사하려고, 고래 배 안이나 몸 바깥쪽을 여기저기 살펴보고 있어요. 배 안을 조사하 면 고래가 뭘 먹었고 뭘 좋아하는지 알 수 있거든요"

그렇게 설명하면 아이들은 "와, 고래도 좋아하는 음식이 있구 나." 하고 진지하게 이야기에 귀를 기울인다.

다음으로 아이들이 고래를 더 친숙하게 느끼도록 하려고 고래 도 인간과 마찬가지로 엄마 배에서 태어나는 것, 또 엄마 젖을 양껏 먹으며 무럭무럭 자란다는 것을 이야기해 준다.

"아기 고래도 엄마 젖을 먹어요?"

그러면 보통 이런 질문이 돌아온다. 아이들은 '젖'이라는 단어에 민감하다.

곧바로 "맞아요, 젖을 먹어요."라고 대답하고, 고래는 바다에서 살지만 우리처럼 젖을 먹고 자라는 친구라는 사실, 하지만 슬프게 도 아기 고래가 때때로 바다에 떠밀려 와 죽는 일이 있어서 왜 그런 일이 생기는지 언니들이 조사하고 있다고 설명한다.

연구자는 생물 이야기를 하고 싶어서 근질근질한 사람이다.


"엄마랑 헤어지다니 아기 고래가 불쌍해."

"바다에 사니까 물고기 같은데 우리랑 친구예요?"

"이렇게 큰 고래가 여기 바다에서 헤엄친 거예요?"

질문이 무작위로 쏟아진다. 내게는 최고로 행복한 시간이다.

처음에는 조금 경계하던 인솔 선생님들도 눈앞에 보이는 거대한 고래, 그 안에서 나온 장기를 보면서 내 이야기를 들으면 점차 적극적으로 관심을 보인다. 실물 고래나 고래 장기를 보며 들은 이야기는 교과서에 실린 설명보다 아이들 기억에 훨씬 오래 남겠지. 나는 그렇게 믿는다. 당연히 인솔 선생님들의 기억에도.

물론 늘 좋은 일만 생기지는 않는다. 예전에 해안가에 우연히 산책하러 온 가족이 있었다. 취학 전으로 보이는 어린아이가 우리의 작업을 계속 구경하기에 "이리 가까이 와서 볼래?" 하고 말을 걸자, 부모가 다급하게 아이 손을 잡아끌며 떠났다. 그런 일도 있다. 아예 대놓고 "고래 사체는 더럽고 냄새나니까 가까이 가면 안 돼."라고 아이를 혼내는 부모의 말을 들은 적도 있다. 그렇다고 부모에게 잘못은 없다. 좌초라는 현상이 널리 알려지지 않았기 때문이다.

만약 해안에서 고래나 다른 생물을 조사하는 사람을 보면, 잠깐 쉴 타이밍을 노려 말을 걸어 보기를. 시간에 여유가 있으면 분명히 대답해 줄 것이다. 연구자란 다들 생물 이야기를 하고 싶어서 근질근질한 사람들이니까.

## 일본과 해외의 좌초 관리 시스템

해양 포유류의 좌초는 일본뿐 아니라 전 세계에서 자주 일어난다. 이 책에서는 해양 포유류에 초점을 맞췄는데, 그 밖에도 해파리 같은 무척추동물과 상어 같은 어류, 바다거북, 또 대왕오징어 같은 심해생물도 해안에 좌초한다. 미국과 유럽은 좌초 개체 조사의 중요성과 연구의 필요성을 일찌감치 인식해서, 데이터나 시료를 수집해 체계적으로 관리하는 시스템을 갖췄다.

영국에서는 14세기부터 철갑상어와 고래를 '왕의 물고기(Royal

Fish)'로 특별 취급했다. 다만, 고래는 물고기가 아니니 '왕의 물고기와 고래(Royal Fish and Whale)'라 했다면 완벽했을 것이다. 아무튼 20세기 이후부터는 좌초된 고래를 대영박물관이 관리하기 시작했다.

영국이 국가 차원에서 대대적으로 나선 이유는, 이미 언급했듯이 좌초된 개체를 조사하고 연구에 활용하는 게 얼마나 중요한지를 이해했기 때문이다. 대영박물관은 국가 박물관이어서 조사 후 표본을 만들어 보관하면, 이는 내셔널 컬렉션이 되어 국가의 보물로 다뤄진다.

한편 미국에서는 포경 전성기에 해양 포유류가 격감했지만, 다행히 대왕고래나 북방긴수염고래, 귀신고래를 비롯한 멸종 위기종의 수는 증가했다. 또 그때까지 고래에게서 얻어 내 활용하던 지방보다 새로 발견된 석유나 휘발유 같은 마법의 액체가 훨씬 사용하기 편하고 언제나 필요한 만큼 대량으로 퍼 올릴 수 있다는 이유로 포경을 전면적으로 폐지하면서, 1972년에 '해양포유류보호법(Marine Mammal Protection Act)'을 제정했다.

이 법으로 미국 내에 좌초된 해양동물을 관리하는 네트워크가 급속히 확충됐는데, 주별로 설치된 네트워크는 국가에서 운영자금을 지원받는다. 조직 구조도 조사·연구반, 자원봉사 총괄반, 보급 계몽반, 시설반 등으로 세분되어 전문 스태프가 몇 명씩 상주한다. 좌초된 고래의 구조 상황 및 폐사한 개체의 정보도 순식간에 네트워크 스태프를 거쳐 관계자에게 전달되고, 그 후의 조사·연구도 자금이나 시설, 인원수 면에서 원활하게 진행된다. 요청하면 군대도 무상으로 동원할 수 있다. 일본에서는 꿈도 꾸지 못할 체계다.

어느 분야든 전문가라고 불리는 사람들에게도 당연히 '처음'이 있다. 그 '처음'에서 시작해 숙련자나 전문가라고 불릴 때까지 성장하려면 길고 긴 여정과 많은 경험치가 필요하다. 이를 자세히 가르치고 교육할 수 있는 사람, 시설, 자금, 지식 등 모든 것이 잘 갖춰진 나라가 미국이다. 전부 '해양포유류보호법'이라는 법률 덕분이다.

미국은 옐로스톤국립공원의 늑대나 연안에 사는 해달과 귀신고래를 한때 멸종 위기에 몰아넣을 정도로 격감시켰으나, 훌륭히 부활의 길로 이끌었다. 일단 말을 꺼내면 실행에 옮기는 기술과 지식이 대단하다.

캄보디아나 미얀마 같은 개발도상국에서는 환경보호, 생물다양성 보호 프로그램 등을 활용해 국가 차원에서 해양 포유류를 보호하는 제도를 시행한다. 생물은 한 종만 있으면 살아남을 수 없으므로 다양한 종이 공생하면서 상부상조 관계를 맺어야 한다. 생물다양성 보호 프로그램이란, 이러한 생물다양성이 파괴되는 것은 위험하므로 어느 생물이 멸종 위기에 처했는지를 파악해 빠르게 보호하는 프로그램이다.

일본은 좌초된 해양동물을 전문적으로 관리하는 기관은 없으나, 국립과학박물관이나 각 지역자치단체, 수족관, 박물관, 대학교, NPO(Non Profit Organization)가 협력해 이에 대처한다. 또 국립과학박물관에 수장된 표본은 영국과 마찬가지로 이른바 일본의 내셔널 컬렉션으로서 앞으로도 쭉 보존되며 다방면에 활용할 수 있다. "고래 같은 해양생물의 사체가 해안에 좌초하면 지역자치단체의 판단에 따라 묻거나 태워서 처리하면 됩니다."라는 방향으로 진행되기도 하지만, 우리와 협력 체제를 갖춰 대처할 때도 많다.

일본에서는 취학 전 아이들도 고래나 돌고래를 잘 안다. 수족관의 돌고래 쇼도 인기가 있다. 그러나 고래나 돌고래 같은 해양 포유류가 해안에 떠밀려 와 죽는 현상이 전 세계에서 벌어진다는 사실을 아는 사람은 많지 않다. 설령 알더라도 우리의 미래에도 영향을 미칠 중대한 사건이라고 인식하는 사람은 전문가를 제외하고는 아직 별로 없다.


## 만약 해안에서 고래를 발견했다면

거의 매일 해양동물의 좌초가 일어나므로 누구나 해안에서 고래와 만날 가능성이 있다. 모처럼 놀러 간 인적 드문 해안에서 떠밀려 온 대형 고래를 목격한다면, 대부분 망연자실할 것이다. 고래의 존재감은 사체여도 압도적이다.

"이게 뭐야?"

호기심에 가까이 다가가면 위험하다. 그래도 너무 놀라서 고래

좌초한 향고래를 살펴보며 상태를 확인하고 있다.

를 두고 도망치지 말아 주시기를. 자, 좌초된 개체를 발견하면 어떻게 하면 될지 설명하겠다. 멀리서 보고 숨을 쉬거나 움직이는지를 확인할 수 있고 고래가 살아 있다고 판단했다면, 바로 해당 지역의 지방자치단체(시읍면 담당 부서)나 경찰서, 소방서 등에 통보하고, 그 후 근처 수족관에 연락하는 게 제일 좋다.

　해양 포유류가 살아 있는 상태로 좌초되었다면 최대한 바다로 돌려보내고 싶다. 대형 고래는 어려워도 돌고래 정도의 크기는 수족관으로 바로 연락이 가면 경험 많은 스태프들이 전용 들것 등을 활용해 바다로 돌려보낼 가능성이 조금은 커진다.

　체력이 떨어져 약해졌거나 상처 치료가 필요한 개체는 근처 수족관에 이송해 일시적으로 보호할 수도 있다. 야생 개체를 치료하면, 해당 개체의 생명을 구하는 것에서 나아가 동물원이나 수족관에 사는 고래와 돌고래의 치료 수준을 높일 수 있다. 또한 어느 정도 건강을 회복하면, 생태학·생물학·생활사 연구자가 조사한 후에 바다로 돌려보내기도 한다. 좌초된 개체의 보호는 일반적으로 사육이 허가되지 않은 종의 정보를 얻을 수 있는 절호의 기회다.

한편, 이미 죽어서 좌초된 개체를 해안에서 발견했다면, 제1 선택지는 지역자치단체에 연락하는 것이다. 이때 가능하면 동시에 지역 박물관이나 수족관에도 연락해 주는 것이 좋다. 지금까지 반복해서 설명했듯이 폐사 개체는 대형 쓰레기로 폐기될 위험이 있기 때문이다.

박물관이나 수족관 이외에도 지역에 따라 좌초된 개체를 전문적으로 관리하는 네크워크가 있다. 다음에 소개하는 다섯 곳이 대표적이다.

- 스트랜딩 네트워크 홋카이도
- 스트랜딩 네트워크 이바라키현
- 가나가와 스트랜딩 네트워크
- 이세만·미카와만 스트랜딩 조사 네트워크
- NPO 법인 미야자키 고래 연구회

이 외의 지역에서는, 규슈 지구의 경우 나가사키대학 수산학부, 시코쿠 지구는 에히메대학 연안환경과학연구센터(CMES)에서도 적극적으로 해양동물의 좌초에 대처한다.

내가 소속된 국립과학박물관에서는 이러한 네트워크와 학술기관, 그리고 일본고래학연구회(cetology.main.jp), 각 지역 박물관·대학교·수족관·협력자 등과 좌초에 관한 정보를 항상 공유하면서 조사·연구를 진행한다. 따라서 좌초된 해양 포유류를 발견하면, 발생한 지역에 상관없이 과박에 직접 연락을 주시는 것도 하나의 선택지로 고려해 주시기를. 과박 홈페이지에는 내 메일 주소와 연구실 전화번호가 있다. 긴급 연락처로 스마트폰에 등록해 주시면 기쁘겠다.

# 여성 연구자는 큰 동물에 끌린다?

해양 포유류 관련 업계에는 어째서인지 여성 스태프가 점유하는 비율이 아주 높다. 박물관 연구자를 비롯해 각지의 고래 관광 스태프, 수족관 스태프, 교육 프로그램 주관자 등 어느 업계를 둘러봐도 여성이 많다. 이야기를 들어 보면, 여성은 자신보다 큰 해양 포유류에 일종의 동경, 존경, 위안, 행복 등을 느끼는 경향이 있다고 한다. 이성에게 품는 감정과 조금 비슷한지도 모른다.

여성이 많은 직종이지만 좌초 현장 조사나 표본 제작은 옛날 말로 표현하면 3D[힘듦(Difficult), 더러움(Dirty), 위험함(Dangerous)] 인 힘쓰는 일이고, 박물관의 다른 분야도 대부분 그렇다. 필연적으로 여성이라도 '호리호리'와는 거리가 먼 근육질이고, 햇볕에 탔으며 남성들 못지않게 목소리가 크다. 어쨌든 좋아서 하는 일은 잘한다고 하지 않나. 몸집이 작은 여성도 경험을 쌓아 현장에서 활약하는 사람이 많다.

대학원을 졸업하고 미국에서 유학하고 있을 때, 서해안 여기저기 있는 유명 연구기관에서 일하는 연구자 대부분이 여성이어서 크게 감명을 받았다. 그들에게는 공통적으로 자신의 일을 이해하는

파트너가 있었다. 제일선에서 활약하는 여성들의 멋진 모습을 보며
순수하게 동경심을 품었고, 언젠가 나도 그들처럼 되기를 원했다.

　이 책을 쓰던 도중에 중학생을 대상으로 이공계의 재미를 알려
주는 책 제작에 참여할 기회가 있었다. 요즘 중학생, 특히 여학생이
이공계에 진학하는 비율이 감소하는 추세라고 한다. 내가 중고등학
생 시절에도 이공계로 가는 여학생은 적었다. 그때는 아직 여성이
사회 일선에서 활약하는 일이 드물었던 탓에 여성이 이공계로 진학
하면 취업의 문이 더욱 좁아진다는 선입견이 있었던 것 같다.

　실제로 과박 동물연구부에 여성이 상근직원으로 취직한 것은
50년 만에 내가 처음이고, 현재도 동물연구부의 상근직원 19명 중

여성은 나 혼자다. 세계를 둘러보면 나라의 수장이나 중요 직위에 여성이 취임한 나라가 결코 적지 않다. 그것도 결혼이나 출산 같은 사생활도 충실한 사람이 대부분이다. 성별이나 나이가 아니라 개인을 평가하는 사회가 되면, 여성이 활약할 자리가 더욱 늘어나지 않을까? 앞으로 과학 세계에서 활약하는 여성이 더 많이 늘어나면 기쁘겠다.

◆ 4장 ◆

# 한때 돌고래에게는 손도 발도 있었다

## 돌고래는 '귀여운 고래'다

해양 포유류 중 고래류에 속한 돌고래. 일반적인 고래보다 돌고래를 더 친근하게 느끼는 사람이 많을 것이다. 고래를 직접 눈으로 볼 기회는 거의 없지만, 돌고래는 수족관에 가면 만날 수 있다. 수족관에 따라서는 돌고래와 직접 어울릴 수도 있다. 돌고래는 텔레비전에서 하는 동물 방송에서도 인기 스타다.

수중에서 고개를 내밀고 이쪽을 바라보는 돌고래의 얼굴은 꼭 웃는 것처럼 보인다. 돌고래의 웃음을 과학적으로 증명하기는 어렵지만, 사실 돌고래의 얼굴에는 우리 인간과 같은 '표정근'이라는 일련의 근육이 있다. 표정근은 포유류라는 증거 중 하나다. 표정근의 본래 기능은 표정을 짓는 것이 아니라 태어난 뒤 어미의 젖꼭지를 빨아 모유를 먹기 위한 '뺨'을 형성하는 것이다. 그 후에 부차적으로 표정 짓기가 가능해진다.

그렇다면 인간과 마찬가지로 표정을 만드는 근육이 있는 돌고래에게도 어떤 표정이 있을 것이다. 다만 그것이 우리 인간의 '웃는다', '화를 낸다', '슬퍼한다'는 표현과 같은지 아닌지는 현재로선 알 수 없다.

다이빙하는 사람의 이야기에 따르면, 돌고래가 서식하는 해역에 몇 번 잠수하면, 돌고래 쪽에서 다가와 마치 '나랑 같이 놀자!'라고 제안하는 듯한 몸짓을 보인다고 한다. 물론 먹이는 주지 않았다.

바다에 사는 야생 돌고래가 스스럼없이 인간에게 다가오다니 참 신기하다. 그렇게 한참 같이 헤엄치다가 느릿느릿 어디론가 사라진다고 한다. 누구에게나 친근하게 구는지는 모르겠는데, 일정한 종이 그런 행동을 보인다고 한다. 그렇다면 같은 포유류로서 인간에게 뭔가 느꼈을지도 모른다고 괜히 상상하고 싶다.

고래 중에도 돌고래처럼 사람에게 접근하거나 사람이 다가가도 도망치지 않는 종이 있다. 그러나 고래는 같이 놀기에 너무 크다. 혹시 웃더라도 얼굴이 하도 커서 표정을 확인할 수 없을 테니 아쉽다.

'에이, 고래랑 돌고래는 전혀 다른 생물이잖아.'

이렇게 생각할 수도 있겠다. 그런데 사실 돌고래와 고래는 생물학적으로 같다.

돌고래는 고래와 같은 고래목으로 분류된다. 역사적으로 인간이 귀엽고 사랑스럽다고 느끼는 종을 돌고래라고 부르고, 웅장한 몸에 경외를 품은 종을 고래라고 불렀다. 간단히 말해 돌고래는 '소형 고래'다. 일반적으로 몸길이 4미터 이하인 고래를 돌고래, 그 이상을 고래라고 한다. 다만 이는 어디까지나 하나의 기준일 뿐이다.

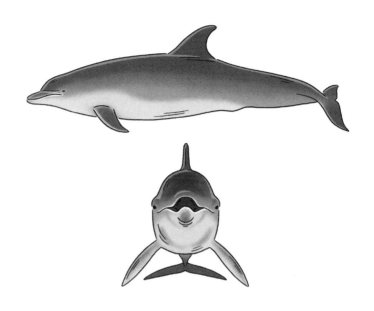

큰돌고래. 아래는 정면에서 보이는 미소.

　기준이 어떻든 2장과 3장에서 설명한 고래 이야기는 전부 돌고래에게도 해당한다. 고래는 크게 수염고래와 이빨고래로 나뉜다고 설명했는데, 돌고래라고 불리는 고래는 전부 이빨고래에 속한다. 이빨고래류는 향고래를 제외하면 대부분 소형~중형 사이즈다. 수족관에서 흔히 보는 큰돌고래, 낫돌고래, 커머슨돌고래, 점박이돌고래, 뱀머리돌고래, 상괭이 등은 전부 이빨고래의 일종이다.

# 손은 지느러미가 되고, 다리는 사라지다

거시적인 시점으로 말하면 돌고래와 고래는 인간과 같은 계통이다. 생물학에서 말하는 '계통'은 생물이 어떤 일정한 순서에 따라 연결된 것을 가리킨다. 공통 조상을 지닌 개체군이나 유연관계[1], 혈연관계 등이다.

생물은 진화 과정에서 다양한 계통으로 나뉘었다. 우리 포유류도 그중 한 계통이다. '포유류(哺乳類)'는 말 그대로 새끼를 낳아 모유를 먹여 키우는 생물이다. 우리와 가까운 개나 고양이가 같은 계통의 동물인 것은 이해하기 쉽다. 개나 고양이가 출산하고 수유하는 모습을 본 적 있다면 더 그렇다. 하지만 바다를 유유히 헤엄치는 돌고래나 고래를 보고 인간과 같은 동족이라고 하면 감이 안 잡히는 사람이 많을 것이다.

"그야 물고기처럼 생겼잖아."

정말 그렇다. 일반적으로 계통이 같으면 외모가 비슷하다. 골격을 비롯한 몸의 기본 구조가 같기 때문이다. 개나 고양이는 언뜻 보면 인간과 닮지 않았으나, 인간이 엎드리면 기본적인 폼은 비슷하다. 텔레비전 동물 방송이나 인터넷 동영상에서 의자에 몸을 기대고 앉은 고양이가 아저씨 같다면서 화제가 되곤 하는데, 같은 계통

[1] 동식물이 분류학적으로 얼마나 멀고 가까운지를 나타내는 관계.

인 점을 고려하면 아저씨 같은 자세도 이해가 된다.

이와 달리 돌고래와 고래에게는 인간이나 개와 같은 손발이 없다. 그 대신 등지느러미와 꼬리지느러미가 있어서 도저히 우리와 몸의 기본 구조가 같아 보이지 않는다. 그러니까 역시 물고기 아닐까 싶다.

생물은 자신이 처한 환경이 변하면 환경에 적응하기 위해 몸의 구조와 기능을 크게 변화시키는 능력을 발휘해 살아남으려 한다. 이에 성공하면 진화다. 돌고래 같은 해양 포유류의 조상은 모두 원래 육상에서 살았다. 그러다가 어떤 이유로 육상에서 다시 바다로 돌아간 결과, 육상과는 전혀 다른 바다에서의 생활에 적응하기 위해 몸을 포함한 많은 부분을 크게 모델 체인지(model change)[2]했다.

예를 들어 바닷속에서 물의 저항을 줄여 재빨리 이동하기 위해, 체형이 상어나 어류처럼 유선형으로 변화했다. 수중에서 빨리 헤엄치는 추진력은 꼬리지느러미에 맡겼는데, 그 결과 뒷다리가 퇴화했다. 앞다리는 지느러미 모양으로 변해 헤엄칠 때 방향을 조절할 수 있게 했다.

그리하여 언뜻 보면 돌고래도 물고기 같은 외형을 갖췄다. 이렇게 환경에 적응하는 과정에서 어떤 생물들의 외모나 기능이 우연히 같아지거나 비슷해지는 진화를 '수렴 진화' 혹은 '수렴'이라고 한다.

---

2    흔히 제조업에서 제품의 외관 및 사양을 변경하여 신제품을 출시하는 것을 의미한다. 자동차, 컴퓨터 제조업의 모델 체인지가 대표적이다.

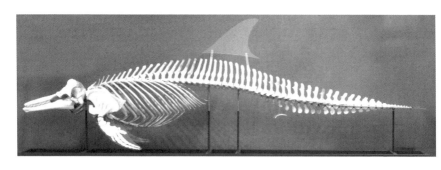

큰돌고래의 골격. 뒷다리는 퇴화해 사라졌고 골반 흔적이 작게 남았다.

## 물고기 흉내를 낸 포유류

이렇게 설명하면, 다음과 같은 질문을 종종 받는다.

"물에 적응하려고 물고기 같은 체형이 되었다면 돌고래는 그냥 물고기가 아닌가요?"

만약 그랬다면 나는 이 정도로 돌고래를 비롯한 해양 포유류에게 흥미를 느끼지 않았을 것이다. 돌고래 같은 해양 포유류의 수수께끼(혹은 매력)가 바로 그 점에 있다.

돌고래의 표면적인 모습은 확실히 물고기 같은데, 해부해서 몸 내부를 자세히 보면 볼수록 돌고래가 분명 우리와 같은 포유류 계통임을 알게 된다. 몸 골격의 기본 요소가 여전히 육상 포유류와 같다. 다른 점은 제각각 부위의 뼈 크기와 개수뿐이다. 뒷다리가 퇴화

상어는 꼬리지느러미를 좌우로 흔들며 헤엄치고,
돌고래는 꼬리지느러미를 상하로 흔들며 헤엄친다.

했으니 골반이 필요 없는데, 돌고래의 몸에는 여전히 골반 흔적이
있다.

또 바다 생활에 적응하고자 급하게 만든 꼬리지느러미나 등지
느러미도 피부가 변화한 '가짜 지느러미'여서 어류와 똑같은 구조가
아니다. 돌고래뿐 아니라 고래나 물개 같은 해양 포유류는 모두 그
렇다.

게다가 지느러미가 붙은 모양이나 위치, 개수도 상어나 어류와
는 다르다. 특히 꼬리지느러미에 주목하면, 상어나 어류는 꼬리지

느러미가 몸과 평행하게 달렸고 좌우로 흔들면서 앞으로 나아간다. 반면에 돌고래의 꼬리지느러미는 몸에 수직으로 달렸고, 위아래로 흔들며 헤엄친다. 인간이 다이빙할 때 다리에 물갈퀴를 달고 위아래로 흔들며 헤엄치는 모습이나 개가 초원을 질주할 때 꼬리를 움직이는 방향과 같다.

이처럼 돌고래는 언뜻 어류처럼 보이는 외형이지만, 골격이나 장기를 조사하면 요소요소 포유류의 공통성이 보인다. 또 동시에 수중에 적응하고자 획득한 특징도 알 수 있다.

## 돌고래가 빠르게 헤엄치는 비밀

돌고래라고 하면 바닷속에서 유유히 헤엄치는 모습을 떠올리기 쉽다. 그런데 진짜 실력을 발휘하면 시속 50킬로미터 속도로 헤엄치는 능력을 지녔다. 고속으로 헤엄칠 수 있는 이유 중 하나는 독특한 수영법과 연관이 있다.

동영상이나 애니메이션에서 돌고래가 바다에서 뛰어올랐다가 잠수하는 동작을 반복하며 헤엄치는 모습을 종종 봤을 것이다. 그런 수영법을 '포퍼싱(porpoising)'이라고 한다. 보통 '돌고래영법'이라고 부른다. 돌고래 이외에 펭귄도 포퍼싱하며 헤엄치는 동물로 유명하다.

**돌고래는 포퍼싱으로 숨을 쉬며 헤엄친다.**

사실 이 독특한 영법이 돌고래 고속 헤엄의 원동력이다.

'물에 잠긴 채 헤엄치는 편이 체력을 소모하지 않고 속도를 높일 수 있지 않을까?'

이런 의문이 생길 텐데, 정말 그렇다. 잠수해서 헤엄치는 어류 황새치는 시속 100킬로미터의 속도를 낼 수 있다고 한다. 하지만 돌고래는 포유류(폐호흡)여서 헤엄치는 도중에 숨을 쉬어야 한다. 따라서 물에 잠겨 고속으로 헤엄치더라도 정기적으로 수면 위로 고개를 내밀어야 한다.

그냥 헤엄칠 때는 느긋하게 숨을 쉬어도 괜찮은데 먹이를 쫓아가거나 적에게서 도망치는 긴급한 상황에서는 숨을 쉬며 어떻게 빨리 헤엄치느냐가 아주 중요한 문제로 떠오른다. 고개를 내민 채 헤엄치면 머리 후방에 소용돌이가 생겨 앞을 향해 헤엄치려는 몸을 뒤쪽으로 잡아당기는 힘이 발생하기 때문에 헤엄치는 속도가 느려진다. 그렇다면 아예 온몸을 완전히 해수면 밖으로 내미는 편이 헤엄치는 속도가 빨라진다. 따라서 돌고래는 일정한 리듬으로 해수면 위로 뛰어오르고, 그 틈을 이용해 숨을 쉬어 속도를 유지하면서 고속 유영하는 영법(포퍼싱)을 익혔다는 설이 유력하다.

돌고래의 유선형 몸매나 끝으로 갈수록 가늘어져 저항을 최소화한 입술도 이런 영법을 가능하게 한다. 대형 고래는 커다란 몸이 방해해서 이렇게 헤엄치기가 어렵다.

돌고래에게도 포퍼싱은 필요할 때만 쓰는 영법이라 장시간 유지하기는 힘들다. 그런데 긴급 상황도 아닌데 고속정 옆에서 포퍼싱하며 나란히 헤엄치는 돌고래를 자주 본다. 그 모습을 보면, 같은 포유류인 우리 인간에게 뭔가 어필하는 것 같다고 혼자 상상하며 기뻐한다. 마찬가지로 인간도 돌고래에게 해양 포유류와는 다른 특별한 매력을 느끼는 것 같다.

## '초음파'로 주위를 탐색하다

돌고래는 콧구멍(분기공)의 기능과 구조에도 독특한 특징이 있다.

보통 인간을 포함한 포유류는 콧구멍이 2개 있다. 그런데 돌고래(이빨고래류)는 콧구멍이 정수리에 딱 하나만 있다. 머리뼈에 좌우 1쌍의 콧구멍이 있는데, 머리뼈에서 콧구멍으로 가는 도중에 좌우 통로가 합쳐져서 하나가 되어 결국 보이는 콧구멍은 하나다. 콧구멍 하나로 돌고래는 산소를 들이마시고 이산화탄소를 배출해 폐호흡을 한다.

이렇게 된 이유는 돌고래의 코가 호흡 이외에도 중요한 역할을 담당하기 때문이다. 다른 해양 포유류는 가지지 못한 '에코로케이션(echolocation)', 곧 '반향정위'다. 육상 포유류 중 익수류(박쥐류)도 이 반향정위 능력을 지녔다. 초음파와 가청주파수 음파를 발생하여 그 음의 반향으로 주위 상황이나 먹이생물 등을 탐색하는 능력이다.

돌고래는 외비공(겉콧구멍) 밑쪽, 즉 콧속에 입술 같은 모양의 주름이 있는데, 이 주름을 울려 다양한 음파를 만들어 낸다. 인간이 목 안의 성대를 울려 목소리를 내는 것과 같으니, 콧길에 성대가 있는 셈이다. 이 주름형 구조물의 외형이 원숭이 입술처럼 생겨서 예전에는 '멍키 립스(monkey lips)'라고 불렀다. 최근에는 음향을 담당하는 특수 기관이므로 '포닉 립스(phonic lips)'라고 부른다.

수중에서는 투명도가 높은 곳이라도 볼 수 있는 범위는 수십 미터가 한계여서 대기 중에서 볼 때처럼 시각으로 멀리 볼 수 없다. 특히 태양 빛이 닿는 곳은 해수면의 좁은 영역뿐이고 나머지는 새까

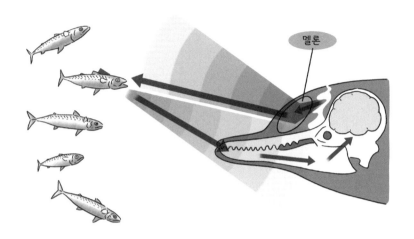

멜론

돌고래 분기공과 반향정위의 원리.

만 세계이니 거의 볼 수 없는 상태다. 따라서 돌고래는 이 입술 모양 구조물(멍키 립스, 포닉 립스)에서 쉬지 않고 초음파나 가청주파수 음파를 내보내고, 콧구멍 앞의 '멜론'이라 불리는 지방 덩어리로 음파의 방향이나 강도를 조정하면서, 돌아오는 음파를 받아 주위 정보를 수집하고 먹이를 잡는다.

　이 '멜론'의 어원에는 다양한 학설이 있는데, 과일인 멜론과 비슷하게 생겨서, 지방 조직의 단면이 멜론 표면에 생기는 그물 구조와 비슷해서 등등이다.

　어느 쪽이든 멜론을 통과한 음파는 무언가에 부딪히면 되돌아온다. 이번에는 돌아온 소리를 받아들여야 하는데, 이때 또 돌고래

(이빨고래류)만이 획득한 특이 구조가 활약한다.

돌고래는 겉에서 보이는 귓바퀴가 없다. 헤엄칠 때 방해가 되기 때문이다. 귓바퀴란 귓불을 포함해 밖에서 보이는 귀 부위를 말한다. 돌고래는 인간처럼 귀로 듣는 게 아니라 아래턱뼈로 음파를 받아들인다. 되돌아온 소리가 아래턱뼈를 매개로 안쪽의 지방조직에 전해지면, 지방조직이 그에 맞춰 진동한다.

그 진동이 내이에 전해져 뇌에 도달하면, 돌고래는 '음파를 듣고' 다음 행동을 취한다. 인간도 귀가 불편한 사람은 특수한 기계를 상작해 골전도로 소리를 듣는다. 원리는 이와 거의 비슷하다. 멜론이나 아래턱뼈 안쪽에 있는 지방조직은 음향과 관련이 깊기에 '음향지방'이라고 부른다.

주위를 탐사할 때 내보내는 음파를 클릭음(click sound)이라고 한다. 우리 인간에게는 '딸각딸각…' 같은 소리로 들린다. 동료끼리 의사소통할 때 내는 음파는 휘슬음(whistle sound)으로 '휘익' 같은 휘파람 소리로 들린다.

인간이 들을 수 있는 주파수는 20헤르츠에서 20킬로헤르츠 정도인데, 돌고래 대부분은 100헤르츠부터 150킬로헤르츠까지 아주 넓은 범위의 주파수를 들을 수 있다. 따라서 목적에 따라 발신하는 주파수의 회수나 강약에 변화를 줘서, 자신과 동료 돌고래와의 거리를 확인하거나 먹이의 크기와 위치, 천적의 모습이나 위치, 장애물의 존재 등을 인식한다.

육상 포유류 중에는 어두운 동굴에서 생활하는 익수류(박쥐류)가 같은 능력을 지녔다. 익수류는 우리 인간처럼 목에 있는 성대에서 초음파를 방출하고 귀로 음파를 받아들인다. 반향정위라는 같은 능력을 지녔으나 해양 환경에 적응한 돌고래(이빨고래류)는 자기만의 특수 구조를 갖췄다.

또한 돌고래에게는 후각을 관장하는 뇌의 부위(후각망울이나 후각신경)가 없다고 알려져 있다.

'애초에 수중에서는 냄새를 못 맡지 않나?'

그렇다. 우리처럼 육상 생활에 적응한 동물의 코 구조로는 수중에서 후각을 작동시킬 수 없다. 바닷속에서 코를 킁킁거리면 십중팔구 죽는다. 한편 수중에서 생활하는 물범이나 바다사자 같은 기각류처럼 후각을 가진 동물도 있다.

후각은 척추동물의 조상이 수중에서 생활하던 시기부터 지닌 가장 원시적인 감각이다. 현재의 육상동물은 육지로 올라오면서 후각기관의 구조를 바꿔 공기 중에서 냄새 물질을 검출하는 능력을 획득했다. 한편 해양 포유류가 다시 수중으로 돌아갔을 때, 돌고래는 이 기능을 물에서도 쓸 수 있게 변경하지 못했는지 아니면 필요하지 않았는지는 확실하지 않으나 후각과 관련된 신경계를 갖추지 않았다. 참고로 수염고래류는 냄새를 관장하는 신경계가 현저히 퇴화했지만 갖추고는 있어서 대기 중의 화학물질을 냄새로 식별할 수 있다.

돌고래는 냄새를 잃는 대신 반향정위라는 새로운 능력을 얻었고, 그 결과 후각 기능을 회복할 필요가 사라졌다는 학설도 있다.


## 돌고래와 고래의 장기는 동글동글하다


돌고래를 부검해 내부를 살펴보면, 장기에서도 육상 포유류와 다르게 진화한 흔적을 다양하게 볼 수 있다.

고래와 공통의 조상을 지닌 육상동물인 소나 하마 같은 우제류는 주식이 풀인 초식동물로 분류된다. 포유류는 기본적으로 풀에 함유된 셀룰로스를 분해하지 못한다. 그런데도 초식동물은 풀만 먹고도 맛있는 우유나 높은 등급의 고기를 우리에게 제공해 준다. 그럴 수 있는 이유는 전적으로 풀에 함유된 셀룰로스를 분해하기 위해 위장에 미생물을 살게 하기 때문이다. 기제류 가운데 말이나 맥도 초식동물인데, 이들은 맹장이나 장 전체가 발효를 위한 중요한 기능을 담당한다.

한편 해양 포유류인 돌고래를 포함한 이빨고래류는 갠지스강돌고래를 제외하고 맹장이 없다. 돌고래는 바다로 돌아가는 과정에서 오징어나 생선 같은 동물을 주식으로 하는 '완전 육식성 동물'로 변화했다. 즉 셀룰로스를 분해할 필요가 없으니 맹장도 필요 없어졌다고 볼 수 있다.

그런데 같은 육식성인 수염고래류는 여전히 맹장이 있다. 그것도 아주 명료하게 남았다. 남아 있다면 뭔가 기능을 담당할 텐데, 아직 그 이유를 밝히지 못했다. 앞으로의 연구 과제 중 하나다.

돌고래는 바다로 돌아간 후 입의 구조도 바다 생활에 맞게 바꾸었다. 돌고래 중에 독특한 '이빨'을 지닌 종이 있다는 사실과 그 역할에 관해서는 2장 이빨고래 항목에서 잠깐 소개했다. 이 밖에도 이빨 표면에 주름이 있는 뱀머리돌고래나 스페이드 모양 이빨을 가진 상괭이 등 특징적인 이빨을 지닌 돌고래도 있다.

2장에서 이빨이 있는데 먹이를 통째로 삼킨다는(한꺼번에 삼켜서 먹기) 설명도 했는데, 그럴 수 있는 배경에는 혀를 지탱하는 뼈, 즉 '목뿔뼈'의 대대적인 맞춤화가 있다. 먹이생물을 삼키는 섭식을 할 때 입을 살짝 벌린 상태에서는 혀와 연결된 목뿔뼈가 가슴뼈에서 뻗은 근육 때문에 강하게 뒤로 당겨진다. 그러면 입 내부가 알아서 팽창해 음압(陰壓)[3]이 되어 저절로 먹이가 입안에 빨려든다. 이런 게 가능하도록 돌고래는 목뿔뼈를 당기는 강한 근육과 크고 튼튼한 목뿔뼈를 만들었다. 덕분에 주식인 오징어와 문어, 어류 등을 흡수해 통째로 삼킬 수 있다.

우리 인간을 포함한 육상 포유류 대부분은 이빨을 써서 먹이를 잡고, 이빨을 써서 먹이를 씹어 삼킨다. 따라서 먹이를 잡는 일과 관

3    물체의 내부 압력이 외부 압력보다 낮은 상태.

계없는 목뿔뼈는 일반적으로 가느다랗다. 그걸 돌고래는 수중에서 효율적으로 섭식하기 위해 변화시켜 한꺼번에 삼켜서 먹는 법을 멋지게 완성해 냈다.

그런데 또 한 가지 의문이 생긴다. 짐작한 사람도 있을 텐데, 먹이를 빨아들일(삼킬) 때 대량의 바닷물까지 빨아들이면 큰 위험이 따른다. 바닷물에 포함된 염분을 적절히 처리하지 못하면 몸이 바짝 말라 버릴 것이다.

기본적으로 생물의 체액에는 일정한 범위의 염분과 미네랄이 존재한다. 염분이나 미네랄은 생물이 살아가는 데 꼭 필요한 성분이지만, 체내에 과도하게 들어오면 목숨을 위협하는 위험 물질로 바뀐다. 바다에 사는 포유류도 예외가 아니다. 그러니 그들도 바닷물은 가능하면 마시기 싫을 것이다.

똑같이 바다에 사는 바다거북은 눈 아래의 눈물샘에 염분을 조정하는 기능이 있다. 원래 바다에 살던 어류도 아가미에 염분 조정을 담당하는 염류 세포가 있다. 그런데 포유류인 돌고래에게는 염분을 조정하는 기관이 도통 보이지 않는다. 그런 기능 없이 바다로 돌아갔는데 하필이면 바닷물째 빨아들이는 섭식 방법을 선택했다.

'바닷물째 먹이를 입에 담았어도 먹이만 삼키면 문제없지 않을까?'

이런 가설을 세우고 동료와 함께 간단한 실험을 해 봤다. 얼음물을 입에 머금고 얼음만 먹을 수 있는지 시도해 본 것이다. 여러분도 한번 해 보시기를. 절대로 못 할 테니까.

아마 돌고래들은 먹이와 함께 일정량의 바닷물도 마실 것이다. 그렇다면 '염분을 어디에서 조정할까?'가 의문이다. 신장이나 장에서 체액이 되는 담수와 염분을 어느 정도 조정하는 것 같은데, 아직 전부 밝혀내지는 못했다.

또 돌고래를 비롯한 고래류의 다른 장기는 전체적으로 데굴데굴 동그란 것이 특징이다. 수의과대학에서 소와 개 등의 장기만 오랫동안 관찰했던 나는 돌고래의 장기를 처음 봤을 때 소스라치게 놀랐다. 포유류의 폐는 보통 우폐와 좌폐로 나뉘고 제각기 여러 개의 엽(lobe)으로 나뉘는데, 돌고래의 폐는 나뉘기는커녕 발효 중인 빵 반죽처럼 동글동글한 덩어리 모양이었다. 간도 마찬가지로 나뉘지 않고 데굴데굴 동그랗다.

췌장은 막 건져낸 두부껍질처럼 가볍고 끈적끈적한 모양이 일반적인데, 고래류의 췌장은 닭튀김처럼 탄탄한 덩어리 모양이다. 비장도 일반적으로 납작한 타원형 떡처럼 생겼는데, 고래류는 구형이다. 비장을 처음 봤을 때 기형이라고 오진하기도 했다.

왜 장기가 이렇게 생겼을까? 수중 생활에 완전히 적응하는 과정에서 장기를 동그랗고 단순한 형태로 만들면, 거기에 배치되는 혈관도 효율적으로 단순화되어 수압이나 수온 변화에도 잘 견디게 된다. 또 물리적으로 구형은 외부의 다양한 자극(압력이나 충격)을 가장 잘 견디는 형태다. 이 점을 고려하면 고래류의 장기가 전체적으로

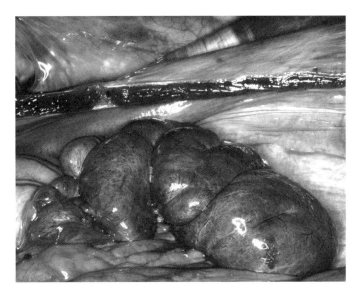

고래의 비장은 크림빵처럼 동그랗게 생겼다.

동그래진 것은 참으로 이치에 맞는 선택이다. 이처럼 장기 하나에서도 주위 환경에 완벽하게 적응해 살아남은 증거를 엿볼 수 있다.

돌고래 등 고래류는 수중에서 적응하기 위해 오랜 세월에 걸쳐 가장 효율적으로 몸 구조를 바꾼 동물이다. 그래도 같은 수중 생활자인 어류나 갑각류와 비교하면 호흡하기 위해 매번 해수면으로 부상해야 하는 점, 갓 태어난 새끼가 태어나자마자 바로 헤엄쳐서 어미의 젖을 찾아야 하고 헤엄치면서 먹어야 하는 점 등 불편한 점도 여전히 많다. 그래도 바다에서 살아간다. 아직 모델 체인지를 하고 있는 중인지도 모른다.

어쨌든 포유류나 정온동물, 척추동물 같은 '계통'에서 보이는 특징과, 환경에 적응한 결과 나타나는 특징이 우연히 다른 계통의 생물과 비슷해지는 '수렴'은 늘 상충한다. 생물 진화나 생활사를 생각할 때 아주 중요한 키워드다.


## 사랑받는 캐릭터 '상괭이'가 알려 준 것들


일본에서는 물범이나 물개 같은 기각류나 듀공, 매너티 같은 해우류보다 고래류인 고래와 돌고래의 좌초 보고가 훨씬 많다. 특히 일본 연안에 사는 상괭이는 1년 내내 좌초한다.

상괭이는 아시아 하천이나 연안에 서식하는 몸길이 2미터급의 소형 이빨고래류다. 일본에서는 '센다이만부터 도쿄만', '이세만·미카와만', '세토 내해', '오무라만', '아리아케해·다치바나만'의 다섯 군데 해역에서 큰 집단을 이루어 서식한다. 집단 내에서는 1마리부터 여러 마리까지 작은 무리를 이루어 산다.

상괭이의 이름은 모르더라도 입에서 버블 링을 내뿜는 퍼포먼스를 하는 돌고래를 텔레비전이나 인터넷 동영상으로 본 사람도 많을 것이다. 그 아이가 상괭이다.

주둥이도 등지느러미도 없는 상괭이는 겉보기에 '돌고래답지 않은 돌고래' 같다. 그래도 동글동글하고 귀여운 생김새 덕분에 큰

상괭이는 버블 링을 만드는 돌고래로 유명하다.

돌고래와 인기를 양분한다. 상괭이를 모티브로 삼은 캐릭터나 상품이 바다와 지역을 광고하는 데 자주 활용된다. 아이도 어른도 상괭이 캐릭터와 상품을 좋아한다. 이렇게 사랑스러운 상괭이인데, 해안에 빈번히 떠밀려 오는 현실을 아는 사람은 별로 없다.

나가사키대학 수산학부에서는 규슈 지구의 해안에 좌초된 상괭이 개체를 냉동고에 보관해 두었다. 연 1회, 일본 전역에서 부검을 희망하는 연구자를 모아 각종 연구에 제공할 시료와 정보를 함께 얻을 목적으로 '해부 대회'를 개최한다. 지금은 매년 열리는 정기 행사다.

매번 20~30마리의 상괭이를 부검한다. 그 말은 규슈 지역만 해도 1년에 그보다 더 많은 상괭이가 좌초한다는 뜻이다.

상괭이는 돌고래 중에서도 특히 해안 근처 여울에 서식한다. 왜 연안을 좋아하는지 알아내는 것이 부검의 목적 중 하나이기도 하다. 지금까지 알아낸 사실은, 연안에 서식하는 먹이생물을 즐겨 먹고, 몸길이 2미터 정도로 크지 않은 종이어서 외양에 사는 비교적 큰 종류와 서식지를 나눴을지도 모른다는 것 정도다.

연안 지역에 서식하면 인간 사회의 영향을 받기 쉽다. 매립 공사로 먹이나 서식지를 잃고, 하천이나 큰비를 따라 육지에서 흘러온 오염물질에 노출될 위험도도 높다. 매립지가 특히 위험한데, 여기는 오염물질의 보고(寶庫)라고 할 수 있다. 컴퓨터, 휴대전화, 텔레비전, 자전거 같은 부품이 묻히면, 거기에 쓴 난연제, 염료 따위에서 환경오염물질이 나와 하천을 거쳐 바다로 흘러간다.

바다의 환경오염은 7장에서 자세히 다룰 텐데, 해양 플라스틱 같은 해양 오염물질 중 약 70퍼센트가 하천을 경유한다는 보고도 있다.

"매일 수도꼭지를 틀면 그 너머가 바다로 연결된다고 느끼며 생활하는 게 중요하다."

어느 환경보호단체의 활동가가 말했다. 나도 전적으로 동의한다. 일본의 하수처리 능력이나 시설은 세계적으로 수준급일지 모르나, 그래도 검출하지 못한 지름 5밀리미터 이하 미세플라스틱이 해양생물에 엄청난 악영향을 미친다는 사실이 최근 밝혀졌다. 우리가 마구 쓰는 콘택트렌즈, 치약, 스크럽 알갱이, 플라스틱 용기의 파편 등이 하수로 흘러가 그대로 바다로 들어가면, 해양생물의 생사에 관여하는 한 가지 요인이 된다.

예를 들어 수질 악화로 인한 먹이 및 용존산소(바닷물에 녹은 산소의 양) 감소, 환경오염물질의 체내 축적으로 면역 능력이 저하해 병에 걸리기 쉬워지고, 해수면이 해양 플라스틱에 뒤덮여 숨을 쉬지 못하는 등의 심각한 이유로 상괭이가 사라질 가능성이 있다. 좌초된 상괭이의 사체를 볼 때마다 상괭이가 자기 몸을 바쳐 인간 사회의 현실에 경종을 울리는 기분이 든다.

## '집단 좌초'는 왜 일어날까?

돌고래가 좌초할 때는 여러 마리가 해안에 떠밀려 오는 경우도 많다. '집단 좌초'라는 현상이다(121쪽 참조). 앞서 소개했듯이 일본에서는 고양이고래가 초봄에 지바현부터 이바라키현 해안에 걸쳐 여러 마리가 좌초되는 일이 자주 벌어진다. 최근 사례로 2015년 이바라키현 해안 5킬로미터에 걸쳐 156마리의 고양이고래가 떠밀려 온 적이 있었다.

한 번에 대량으로 돌고래가 좌초하는 이유는 무엇일까. 지금까

자바현 해안에서 일어난 돌고래 집단 좌초. ⓒSurf Shop Village

지 알려진 이유를 보면, 무리 전체가 폐렴이나 뇌염 같은 전염력 강한 전염병에 걸리거나, 지구 규모의 자장 변화로 진로 선택을 실수해 좌초하는 경우가 있다. 머리뼈 내에 기생하는 기생충이 신경이나 뇌를 파괴하여 '반향정위'가 정상 기능을 하지 못해 무리 전체가 좌초하기도 한다. 그 밖에 군사 연습으로 쏜 저주파 소나[4]를 잘못 받으면 놀라서 급부상해 감압증(인간으로 말하면 잠수병)으로 죽음에 이르거나 음파를 받아들이는 음향지방이나 내이 주변이 파손되어 좌초하는 일도 있다.

4        수중 물체를 탐지하거나 거리 등을 음파로 알아내는 장비.

한편 돌고래는 사회성이 뛰어나서 무리 중 1마리의 몸 상태가 나빠지면 무리 전체가 해당 개체의 움직임을 도우려 한다. 만약 상태가 나빠진 1마리가 무리의 리더라면, 리더의 움직임에 따라 무리가 목적지를 잘못 선택했을 수도 있다.

## '자그마한 살인자 고래', 들고양이고래

일본 주변에 서식하는 돌고래 중 좌초된 기록이 거의 없어 오랫동안 '환상의 돌고래'라고 불린 종이 있다. 들고양이고래다. 19세기 후반에 처음으로 존재가 문헌에 남았고, 영국 자연사박물관에 머리뼈 2개가 수장되어 있으나 전신 골격은 존재하지 않아 생태와 전모가 오랫동안 밝혀지지 않았다. 그 환상의 돌고래를 재발견한 사람이 일본 고래 연구의 선구자이자 제일인자이기도 했던 야마다 무네사토山田致知 선생이다.

1952년, 고전식 포경의 발상지라고 불리는 와카야마현 다이지정에 업무차 방문한 무네사토 선생은 해변에서 어부들이 "처음 본 돌고래가 있어."라고 수군거리는 소리를 듣고 곧바로 달려가 생소한 돌고래의 전신 골격을 가지고 돌아왔다.

국내의 돌고래 머리뼈와 일치하지 않았는데, 후에 영국 자연사박물관에 있는 2개의 머리뼈와 비교한 결과 동종 돌고래임이 판명

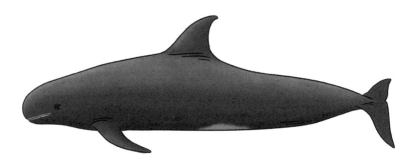

들고양이고래. 몸길이는 약 3미터이고 입 주변과 배가 하얀 것이 특징이다.

되었다. 약 1세기 만의 재발견이었다. 그야말로 꿈만 같은 대발견이어서 조류학자 구로다 나가미치黑田長礼 씨의 제안으로 일본 명칭을 '꿈의 고래'라는 뜻인 유메곤도[5]라고 붙였다.

들고양이고래는 몸길이가 3미터에 못 미치고 머리가 둥글며 뾰족한 주둥이가 없다. 돌고래 중에서는 날씬한 체형으로, 10마리 이상 무리를 지어 행동한다. 영어로는 '자그마한 살인자 고래'라는 뜻인 'Pygmy killer whale'이다. 돌고래 이름에 '살인자(killer)'라니, 들고양이고래나 꿈의 고래라는 이름과 너무 달라서 돌고래 팬들이 충격을 받을지도 모르겠다. 들고양이고래는 실제로도 사납다고 하는데, 최소한 인간에게 친근한 성격은 아닌 듯하다.

현재 일본에서는 오키나와츄라우미수족관에서 딱 1마리를 사

---

**5**　　유메(夢)는 꿈, 곤도(巨頭)는 큰 머리라는 뜻이다. 일본어로 곤도라는 이름이 붙은 고래는 비교적 큰 머리를 가진 것이 많다.

육한다. 들고양이고래를 재발견한 무네사토 선생은 사실 과박의 야마다 다다스 선생의 부친이다. 다다스 선생도 좌초 개체에서 새로운 고래를 2종이나 발견했다. 대를 이은 발견 역시 일종의 '계통'의 발현 아닐까.

## 유빙에 갇힌 범고래 12마리

앞서 알아본 들고양이고래의 영어 이름은 '자그마한 살인자 고래(Pygmy killer whale)'였는데, 진짜 '살인자 고래(killer whale)'라고 불리는 고래가 있다. 바로 범고래다.

사실 내가 해양 포유류 연구를 시작한 계기가 이 범고래다. 학생 시절의 나는 완벽한 형태, 흑과 백이 빚어내는 멋진 몸 색깔의 대비, 또 날카롭고 훌륭한 이빨을 지닌 범고래에 정신을 못 차릴 정도로 순식간에 꽂혔다. 첫눈에 반했다는 소리다. 그 후 동료를 대하는 다정함과 배려심 넘치는 성격을 알고, 겉모습과의 차이에 완전히 팬이 되고 말았다.

그런 이유로 내게 범고래는 해양 포유류 중에서도 각별한, 부동의 1위에 군림하는 최애 생물이다. '살인자'라고 불리는 이유는 어디까지나 혹독한 자연계에서 살아남기 위한 행동 때문이고, 범고래끼리 이루는 사회는 다정하고 배려 가득하다. 그런 모습을 실제로 목격한 사건이 있었다.

2005년 2월 7일, 야마다 선생의 휴대폰으로 연락이 왔다. 도쿄 농업대학 홋카이도 오호츠크 캠퍼스의 우니 요시카즈宇仁義和 선생이었다.

"홋카이도 메나시군 라우스정 아이도마리 지구 연안에 범고래 12마리가 유빙에 갇혀 꼼짝하지 못합니다."

이 통화 하나로 장렬한 이야기가 시작되었다.

우니 선생의 설명에 따르면, 시레토코반도와 쿠나시르섬 사이 해협에 흐르는 유빙이 며칠 사이 강풍으로 홋카이도 동부 연안으로 단숨에 밀려와서 아이도마리 지구 해안을 하룻밤 사이에 메웠다고 한다.

해안 근처에서 식당을 경영하는 주민이 아침에 낯선 울음소리를 듣고 바다를 살피러 갔다가 범고래 4~5마리가 해안 근처 여울에서 유빙에 갇혀 꼼짝하지 못하는 모습을 발견했다. 주민은 얼음이 피로 새빨갛게 물든 것에 놀라 동사무소에 연락했다.

라우스정 동사무소 담당자가 현지로 달려갔을 때는 10마리 전후의 범고래가 유빙에 갇힌 상태였다. 살아 있는 개체도 많았고, 어린 범고래도 몇 마리나 있었다. 곧바로 다양한 구출 방법을 고안했으나 전부 난항을 겪었다. 범고래가 갇힌 곳은 수심이 얕아 순시선이 들어가지 못했다. 어선으로 유빙을 깨트려 범고래가 도망칠 길을 만들려고 했으나, 범고래 근처까지 다가갈 수 없었고 간신히 낸

훗카이도 라우스정에서 유빙에 갇힌 범고래. ⓒUni Yoshikazu, 2005

길도 추위에 금방 막혀 버리는 상황이었다.

오후에는 범고래 무리가 유빙에 떠밀리는 바람에 해안과 더 가까워져서 어린 범고래만이라도 인력으로 해안까지 끌어올리는 작전을 결행했다. 그러나 새끼라도 몸무게가 수백 킬로그램이나 나가니 너무 무거워서 단념했다. 그러는 사이 해 질 무렵이 되자 범고래가 하나둘 숨을 거뒀다. 해가 저물어 구출 작전을 중단한 뒤에도 생존한 범고래의 울음소리가 울려 퍼졌다고 한다.

다음 날 2월 8일 아침, 유빙 속에 생존한 개체는 암컷 범고래 1마리였다. 이 1마리는 오후에 유빙에서 무사히 탈출해 바다로 헤엄쳐 갔다. 원래 12마리로 구성된 무리였는지, 2마리는 7일 새벽에 자력으로 탈출하고, 나머지 9마리(새끼 3마리 포함)는 유빙 속에서 숨을 거뒀다.

유빙에 범고래 무리가 갇히고 대부분 죽은 사례는 세계적으로도 매우 드물다. 또 당시에는 국내 연구자가 야생 범고래를 보거나 조사할 기회가 거의 없었다. 어떻게든 9마리를 부검해서 연구를 위해 최대한 많은 표본을 회수해야 했다.

그러나 우리의 바람과는 반대로 현실은 참으로 혹독했다. 이때 라우스정 아이도마리 주변을 포함한 도토[6] 지방에 강풍과 폭설이 덮쳤다. 범고래 사체를 확인한 해안까지 가는 길은 그 마을에 딱 하나밖에 없었는데, 그 길이 폭설로 폐쇄되어 조사하고 싶어도 일단 대규모 제설 작업이 필요했다. 무엇보다 9마리나 되는 거대한 범고래를 어떻게 운반할지도 큰 문제였다.

어쩌면 좋을까 고민하는데, 범고래를 그렇게 괴롭혔던 바다가 거짓말처럼 9일이 되자 잔잔해졌고 유빙도 해안 근처에서 거의 보이지 않았다. 9마리 사체는 지역 다이버, 크고 작은 어선의 도움을 받아서 아이도마리항까지 인항하기로 했다. 그리고 2월 14일부터 16일까지 3일간 9마리 범고래를 조사하기로 했다.

라우스정은 2005년 7월에 세계자연유산으로 등록된 시레토코 반도의 동쪽에 있다. 시레토코는 웅장한 자연, 생명력 넘치는 야생

---

6    홋카이도 북부 지역.

거의 2미터에 가까운 등지느러미를 지닌 수컷 범고래.

범고래. 몸길이는 약 7~8미터로, 커다란 등지느러미와
뚜렷한 흑백 무늬를 지녔다.

동물들, 각종 맛있는 음식 등으로 유명한, 한 번쯤 가 보고 싶은 곳
이다.

가능하면 시레토코 바다에서 살아 있는 범고래와 만나고 싶었
고, 모두 무사히 구출한 현장에서 기쁨의 환성을 지르고 싶었다. 범
고래 일부가 죽어 너무도 안타까웠으나, 그 죽음이 무의미하지 않
도록 단단히 각오하고 범고래 조사에 임했다. 세계적으로도 주목받
는 사례여서 막중한 책임감을 느꼈다.

조사 당일, 아이도마리항에 인항된 범고래를 1마리씩 기중기로
들어 트럭에 태우고, 조사 현장(미네항 최종 처리장)으로 운반했다. 외
형을 관찰하고 사진을 찍는 일은 기중기로 들었을 때 진행했고, 조
사 현장에 도착하자마자 바로 부검을 시작했다.

폐사하고 약 일주일이 지난 뒤여서 극한 지방이어도 장기 부패가 상당히 진행되었다. 그래도 조사한 바로 장기에 병변이 없었으니 역시 급격한 유빙의 접근에 대처하지 못한 것이 사인이라고 결론지었다.

범고래는 성적이형(95쪽 참조)을 보이는 고래류로 유명한데, 특히 수컷 1마리는 수컷의 상징인 2미터 가까이 되는 멋진 등지느러미를 자랑했다.

## 어서 오세요, 범고래 '맞선 파티'에

범고래는 고래류 중에서도 세계적으로 연구가 진행된 종이다. 범고래는 서식 지역에 따라 일정한 해역이나 해안에 거주하는 '연안정착형(resident)', 외양이나 연안을 정기적으로 회유하는 '연근해회유형(transient)', 외양에만 사는 '외해형(offshore)'의 세 그룹으로 크게 나뉜다.

연안정착형이 서식하는 해역에서는 1년 내내 야생 범고래와 만날 수 있다. 세계적으로 유명한 곳이 캐나다 밴쿠버다. 2021년에는 홋카이도 네무로해협에도 연안정착형과 연근해회유형 범고래가 각각 있는 것 같다는 연구 성과를 얻었다.

캐나다 밴쿠버처럼 연안정착형이 있는 해역에서는 범고래 생태를 구체적으로 연구할 수 있다. 예를 들어 범고래는 가모장(Big Mama) 1마리를 중심으로 모계 사회를 이루는데, 그 혈연관계나 무리를 포드(pod)라고 부른다. 각 포드별로 울음소리에 억양이나 사투리 같은 습관이 있는데, 이 울음소리는 연안정착형과 연근해회유형, 외해형끼리도 다르다.

각 포드는 몇 마리에서 열몇 마리 정도로 구성되고, 교미할 계절이 되면 각각의 포드가 대결집해 '슈퍼 포드'를 이룬다. 말하자면 '맞선 파티'를 개최해 교미 상대를 찾는다. 이는 모계사회를 이룬 동물에게서 흔히 보이는 생태로, 근친교배를 피하려면 다른 개체군과 만날 필요가 있다.

또 식성도 연안정착형은 물고기를 주로 먹고, 연근해회유형과 외해형은 포유류를 주로 먹는다. 연안정착형처럼 일정 해역에 정주하는 이유는 그 지역에 풍부한 먹이가 항상 있기 때문이다. 캐나다 밴쿠버 앞바다에는 1년 내내 연어가 풍부하게 서식하기에 연안정착형 범고래의 주식은 연어다.

한편 연근해회유형과 외해형은 먹이를 쫓아다니는 생활을 선택했기에 어류보다 물범, 바다사자, 고래 같은 포유류를 노리는 편이 효율적인 식사를 할 수 있다. 즉 범고래는 잡식이어서 뭐든지 다 먹는다. 이렇게 전 세계 바다 어디에서나 서식할 수 있는 점이 바다의 패자(覇者)로 군림한 큰 이유다.

라우스정 연안에서 폐사한 범고래 위에 남은 내용물을 조사해 보니, 주로 물범류와 오징어류를 먹었다. 즉 포유류와 오징어가 주식이었다. 사실 이 조합은 지금까지 알려진 어느 범고래에게서도 확인되지 않은 것으로, 이번이 첫 발견이었다. 또 물범 1마리를 같은 무리끼리 나눠 먹은 흔적이 있어서 야생동물로는 드물게 '먹잇감을 나눠 먹는' 행동도 확인했다.

포유류를 먹은 것으로 보아 연근해회유형이나 외해형일 가능성이 높았다. 이 해역에서 오랫동안 범고래 개체 식별을 해 온 사토 하루코佐藤春子 씨(전직 고래 관찰 해설자)의 데이터로도 이번 범고래 무리는 연근해회유형으로 추측할 수 있었다.

즉 네무로해협에 늘 서식하는 무리가 아니라 어딘가에서 훌쩍 나타난 범고래 무리가 운 나쁘게 유빙에 갇힌 것이다. 3마리 새끼의 위에서 우유를 발견했을 때는 가슴 안쪽이 욱신욱신 저려 왔다.

조사를 진행해 각종 샘플을 얻었는데, 나의 최대 사안은 '골격표본'이었다. 9마리 범고래의 골격을 어느 시설에서 어떻게 보관할 것인가, 이 문제를 마지막까지 논의했다. 과박은 성체 수컷 범고래의 전신 골격을 소유하지 않았기에 꼭 입수해서 표본으로 삼고 싶었는데, 홋카이도 내의 몇 군데 학술기관이 골격표본을 확보하고 싶다고 나섰다. 그중 한 곳이 '시레토코 라우스 비지터 센터'였다.

이때 이미 시레토코가 몇 달 후 세계자연유산에 선정될 것을 관계자들은 알고 있었다. 시레토코 라우스 비지터 센터에 수컷 범고래의 훌륭한 골격표본을 전시할 수 있다면, 앞으로 시레토코를 방문할 많은 사람에게 생명체의 위대함을 보여 줄 수 있다.

그렇다면 기쁜 마음으로 얼마든지 양보할 수 있다. 본래 그 생물이 서식하는 지역에 전시하는 게 최고다. 다른 성체 범고래의 표본도 홋카이도 내의 박물관, 대학, 연구기관이 제각기 보관해 연구와 전시에 활용하는 쪽으로 논의를 마무리했다. 2마리 새끼 범고래의 골격은 과박에서 보관하기로 했다.

지금 시레토코 라우스 비지터 센터에는 수컷 범고래의 골격이 전시회장 중앙에서 방문자를 환영한다. 시레토코에 방문하면 꼭 시레토코 라우스 비지터 센터에 찾아가 범고래 골격표본을 구경하기를 바란다.


## 라이더 하우스의 밥과 거북에게 위로받다

라우스정이 있는 웅장한 시레토코 지구는 우리에게 자연의 위대함과 함께 혹독함도 사무치도록 깨우쳐 주었다. 도착 직후, 피부를 에는 추위와 숙박 시설이 존재하지 않는 것에 놀랐다.

극한의 겨울철에 라우스정 주변을 관광하러 오는 사람은 거의 없다. 따라서 겨울철에 영업하는 숙박 시설이 없었으니, 우선 묵을 곳부터 찾기 시작했다. 영하가 당연한 이 시기, 노숙했다가는 목숨이 위험하다.

지역 주민에게 고민을 이야기하자 여기저기 연락해 주었고, 조사 현장에서 약 1시간이면 갈 수 있는 라이더 하우스(rider house)[7]의 주인이 흔쾌히 받아 주었다. 단, 본래 여름철에만 영업하기에 여름용 침구밖에 없고 건물도 방한 시설을 갖추지 않아 몹시 추울 거라고 했다. 우리야 "누울 곳과 식사할 수 있는 곳만 제공해 주신다면 감사할 따름입니다."라고 말하며 그곳에 머물렀다.

머물 곳을 확보한 기쁨도 잠시, 홋카이도의 2월 추위는 무엇을 상상하든 그 이상이었다. 그래도 인간은 극한 상황에 놓이면 생존을 위해 생각지도 못한 아이디어가 번뜩이나 보다. 좌초 조사에 사용하는 방한성이 뛰어난 작업복을 입고 자는 지혜를 발휘해 5박 6일 극한의 밤을 넘겼다.

추위와 싸우느라 조사 현장에서도 우리는 끝없이 고뇌했다. 샘플용 보존액은 얼어붙었고, 손이 곱아들어 카메라 셔터를 누를 수 없었을 뿐 아니라, 장갑을 몇 겹이나 껴도 해부칼을 쥐지 못했다. 발끝에 거의 감각이 없었다. 너무 추우면 두통이 생기는 것도 이때 처음 알았다. 그래도 눈앞에 놓인 범고래들을 조사하겠다는 마음만은 사그라지지 않아 참가자 전원이 정신력으로 이겨 냈다.

숙소에서 조사 현장까지 가는 길에는 에조사슴이 종종 출몰했고, 숙소 근처에서는 지브리 애니메이션 〈모노노케 히메(もののけ

---

7    오토바이, 자전거 등으로 여행을 하는 라이더들을 대상으로 비교적 간단한 숙박 시설.

姬)〉에 나오는 시시가미(사슴신)처럼 멋진 뿔이 난 수컷 사슴이 유유히 도로를 횡단했다. 초봄에는 동면에서 깬 큰곰이나 북극여우도 다닌다고 한다. 이곳은 야생동물들이 주인이다. 인간 따위는 이 혹독한 환경에 알몸으로 내동댕이쳐지면 잠시도 버티지 못하겠다고 생각했다.

바다의 왕자인 범고래도 자연의 위엄 앞에서는 버티지 못한다. 내가 동경하는 존재인 범고래가 유빙에 갇혀 하나둘 죽어 간 사실을 도저히 받아들이지 못한 채로 부검을 하는 것은 몹시 괴로운 일이었다.

여러모로 힘든 생활 중에 몸과 마음을 위로해 준 아이가 있었으니, 숙소에서 키우는 거북이었다. 대부분 땅거북으로, 작은 거북부터 커다란 거북까지 여러 마리가 있었다. 식사하는 우리 옆을 느릿느릿 산책하거나 먹이인 양배추를 우적우적 먹는 모습은 보기만 해도 위로가 되었다. 또 숙소 주인이 준비해 준 저녁 식사가 매번 호화로웠다. 태국 요리, 인도네시아 요리, 그라탱, 돈가스, 카레가 동시에 식탁을 장식했다.

극한 속에서 조사하느라 체력을 전부 소모한 우리에게 거북의 존재와 숙소 주인의 애정 가득한 저녁은 그야말로 마음의 버팀목이었다. 덕분에 가혹한 현장의 대장정을 버텨 냈다.

한 가지 더, 범고래의 애정을 알려 주는 에피소드를 소개하고 싶다. 조사하던 중에 범고래가 유빙에 갇혔을 때 그 구출극을 지켜본 사람들의 이야기를 들었다. 어선이 유빙을 깨트려 해수면에 길을 내자 성체 범고래 일부가 그 틈을 따라 유빙에서 탈출했다고 한다. 그러나 몇 마리나 되는 범고래가 다시 돌아왔다. 아마도 자력으로 탈출하지 못하는 새끼 범고래의 울음소리를 듣고 되돌아왔다고 짐작했다.

　그래, 범고래는 그런 성격이다. 겉으로 보기엔 차갑고 거칠지만, 내면은 한없이 다정하다. 그래서 나는 캐나다에서 야생 범고래를 보자마자 범고래의 포로가 되었다.

# 국립과학박물관의 레전드 '와타나베 씨'

비상근 스태프로 박물관에 다니기 시작하면서, 박물관에는 정말 다양한 사람이 있고 다양한 직업이 존재한다는 사실을 알았다. 일반인이 박물관에서 보는 스태프는 대부분 전시실 입구에 있는 안내인이나 전시회장에서 해설해 주는 직원들일 것이다. 그런데 안쪽 방이나 연수 시설에서는 많은 사람이 여러 가지 업무를 하고 있다. 그들 모두 전시물만큼 멋지고 매력적인 사람들이다.

과박 스태프 중에서 내가 '레전드'라고 부르며 따르는 사람이 와타나베 요시미渡邊芳美 씨다. 와타나베 씨는 동물연구부에 속한 비상근 스태프로, 고등학교를 졸업하고 바로 과박에 취직해 40년 넘게 수많은 연구자의 활동을 보조했다. 담당하는 일이 다양하고, 모든 면에서 탁월한 능력을 지녔다.

표본화 작업도 그런 능력 중 하나다. 몇 번이나 언급했듯이 박물관의 근간은 표본이다. 그렇다면 표본은 어떻게 준비하는가.

내 전공인 해양 포유류의 경우 박제를 제작하거나 골격표본을 만드는 공정은 '표본화'라는 작업에 해당한다. 우리 부서에서는 전시할 박제를 제작하려면 전문가에게 부탁하는데, 예전에는 박물관 스태프가 전시 표본화까지 전부 해냈다. 하지만 지금은 박물관 내에 연구와 전시 등 각각의 목적에 맞춰 표본화 작업을 진행할 수 있는 사람이 크게 줄었다. 이른바 '멸종위기종'이다. 그 희소한 사람 중 한 명이 와타나베 씨다.

와타나베 씨는 육지 무척추동물 그룹에서는 절지동물의 전시와 전족 작업(벌이나 나비의 날개나 다리를 펴서 판에 고정하는 작업)을 하고, 척추동물 그룹에서는 조류의 골격표본과 박제 제작을 담당한다.

표본은 마치 자연계에서 살아가고 있는 것처럼 생물의 본래 모습에 가깝게 만드는 것이 중요한데, 와타나베 씨의 기술은 말 그대로 '신의 솜씨'다. 연구자도 감탄할 정도로 대단하다. 와타나베 씨 같은 표본 장인을 많은 사람이 알아주면 좋겠다.

# 물범의 고환은 몸 안에 들어 있다

## 물범, 물개, 바다코끼리는 친구

해양 포유류 중에서도 우리가 자주 접하는 동물은 기각류(식육목)로, 물범, 물개, 바다코끼리 같은 동물이다. 기각류는 물범과, 물갯과(또는 바다사잣과), 바다코끼릿과의 3과로 구성된다. 일본 연안에 서식하거나 회유하는 기각류는 물범과 중에는 고리무늬물범, 참물범, 점박이물범, 띠무늬물범, 턱수염바다물범 5종이 있다. 물갯과 중에는 큰바다사자와 물개 2종이 있다. 대부분 홋카이도와 도호쿠 지방의 한랭 해역에 서식한다.

외모의 가장 큰 특징은 발가락 사이에 있는 '물갈퀴'다. 발의 외형이 완전히 지느러미 같다. 이것이 분류명(기각류)의 유래인데, 지느러미 내부 골격에 우리 포유류처럼 위팔뼈에서 손가락뼈까지 이어지는 뼈의 계통이 또렷이 존재한다.

또 지금까지 소개한 고래나 듀공과 달리 털(체모)로 뒤덮인 점도 기각류의 큰 특징이다.

'왜 기각류만 털이 있을까?'

의아할 것이다. 그 이유는 물범이나 물개 같은 기각류는 바다와 육지를 자유롭게 오가며 생활하고, 자손을 남기기 위한 출산이나 육아, 휴식을 바위나 육지에서 하기 때문이다. 육상 생활을 할 때 털은 체온 유지에 중요한 역할을 하고, 매년 털갈이를 한다. 북극곰이나 해달도 그렇다.

또 입 주변에 밀집해서 나는 억센 털(강모)은 감각이 뛰어나 동료들과의 의사소통뿐 아니라 온도를 재는 센서, 공간 파악(물체의 위치나 크기, 간격 인식) 등 주변 정보를 얻는 도구로 쓰인다. 이는 개와 고양이에게서도 볼 수 있다.

기각류의 육아 기간은 기본적으로 매우 짧다. 제일 짧은 종은 두건물범인데, 고작 4일이다. 생후 4일 만에 독립을 해야 한다니 새끼도 큰일이다. 텔레비전의 동물 방송이나 인터넷 동영상에서 물범 새끼가 어미 젖을 먹는 모습을 종종 보는데, 어미와 새끼의 그런 행복한 시간은 짧은 한때일 뿐이다. 이는 그들의 서식 환경과도 상관이 있다.

기각류 대부분이 북극이나 남극 같은 극지에 서식한다. 극지는 기본적으로 무미 무취의 세계다. 여기에 몸집 큰 어미와 함께 새끼가 뒤뚱뒤뚱 돌아다니면 눈에 잘 띄고 몸에서 내뿜는 냄새도 주변에 진동한다.

냄새나 모습을 감지한 북극곰이나 북극여우, 맹금류가 가만히 있을 리 없다. 그러니 최대한 빨리 커다란 어미와 헤어져서 적에게 들키지 않고 성장하는 게 중요하다. 성장 속도가 같지는 않지만 사회인이 되기까지 20년 넘게 부모에게 의지하는 인간과는 전혀 다르다.

예전에는 기각류의 기원을 놓고, 물범과는 족제비 부류에서 진화했고 물갯과와 바다코끼릿과는 곰 부류에서 진화했다는 2계통 이론이 있었다.

현재는 면역학, 분자계통학, 형태학적 연구 성과 덕분에, 3과 모두 북아메리카와 일본의 2,700만~2,500만 년 전 지층에서 발견된 '에날리악토스류(Enaliarctos)'라는 공통 조상에서 진화했다는 1계통 이론이 지지를 받는다.


## 암컷은 강한 수컷 이외에는 거들떠보지 않는다

기각류는 일부다처제(하렘)를 선택하는 종이 많다. 우리 연구자는 무리에서 가장 강한 수컷을 '불(bull)'이라고 부르는데, 이 '불'만이 암컷과 교미할 수 있다.

'수컷을 선택할 수 없다니 암컷이 불쌍해.'

이렇게 생각하는 사람도 있을 것이다. 사실은 반대다. 선택권은 당연히 암컷에게 있고, 강한 수컷을 골라 교미하기를 원하는 것 또한 암컷이다.

강한 수컷과의 사이에서 태어난 새끼는 그만큼 생존력도 뛰어나니 자신의 유전자를 후세에 남길 확률이 높아진다. 암컷이 더 강한 수컷을 원하기 때문에 수컷끼리 필사적으로 싸우고, 마지막까지 이긴 자가 붙이 되어 암컷과 교미할 수 있도록 허락받는다.

정말 불쌍한 건 싸움에 진 수컷들이다. 붙 이외의 수컷은 암컷이 거들떠보지도 않으니 무리 구석에서 평생 조용히 살아야 한다. 붙의 눈을 피해 기회를 틈타 암컷과 교미한다 해도, 들키면 붙의 맹공격을 받아 된통 다칠 테고 심하면 목숨을 잃는다. 약육강식 야생의 혹독함이다.

그러나 붙도 암컷에게 둘러싸여 매일 흥청망청 지내는 건 아니다. 그 자리를 노리는 이인자, 삼인자가 언제 공격할지 모르니 끝없이 주위를 경계해야 한다. 수컷이 싸워 살아남으려면 몸이 큰 편이 압도적으로 유리하다. 따라서 기각류 대부분이 '성적이형'이다. 성적이형이란 수컷과 암컷의 몸 형태나 색이 뚜렷하게 다른 현상을 말한다.

특히 물범과나 물갯과 수컷은 암컷보다 압도적으로 크다. 멀리서 하렘을 관찰하면, 누가 붙인지 뚜렷이 알 수 있다. 그만큼 수컷은 거대하다. 교미하다가 수컷의 몸이 너무 무거워 암컷이 깔려 죽는 일도 생길 정도다. 자손을 남기는 목적을 생각하면 본말전도(本末顚倒)인데, 그래도 암컷은 강한 수컷을 원한다.

몸 크기에 관해 한 가지 더 설명하면, 기각류 같은 정온동물은

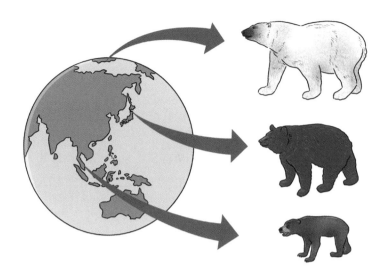

한랭 지역의 곰은 대형, 온난 지역의 곰은 소형이 된다(베르그만 법칙).

근연종(近緣種)[1]이라도 서식 지역이 저위도(온난한 바다)에서 고위도 (한랭한 바다)로 감에 따라 몸 크기가 대형화하는 경향이 있다. 이를 '베르그만 법칙'이라고 하는데, 체온 유지와 관련이 깊다.

정온동물인 기각류는 체온을 일정하게 유지하기 위해 체내에서 열을 생산한다. 즉 항상 '열 생산량'과 '열 발산량'을 조절해야만 체온을 일정하게 유지할 수 있다. 열 생산량은 몸무게에 비례(몸무게가 무거울수록 열 생산량도 많다)하고, 열 발산량은 체표면적에 비례(몸길

1    생물 분류로 보았을 때 관계가 가까운 종.

이가 길수록 몸무게당 열 발산량이 적어진다)한다. 즉 몸길이가 길어지면 몸무게당 체표면적은 작아진다.

따라서 온난한 지역에서는 체온을 유지하기 위해 충분히 열을 발산해야 하므로 몸무게당 체표면적이 커지는 편이 좋아 몸이 작아지는 편이 효율적이다. 한편 한랭한 지역에서는 가만히 있어도 열이 발산되므로 오히려 체온을 유지하기 위해 체표면적이 작아져야 하니 결과적으로 대형일수록 유리하다. 이것이 베르그만 법칙이다. 육지에 사는 곰에게서도 볼 수 있는 현상으로 널리 알려져 있다.


## 수족관 쇼는 '물갯과'의 독무대

기각류 중 물갯과는 현재 전 세계에 7속 14종이 알려졌다. 일본 주변에는 큰바다사자와 물개 2종이 홋카이도부터 도호쿠 지방 해역에 서식하거나 회유한다. 물개는 때때로 태평양 쪽으로는 도쿄도가 있는 간토 주변, 일본 서쪽 해역으로는 돗토리현과 시마네현이 있는 산인 지방까지 남하할 때도 있다.

물갯과와 물범과는 외모가 매우 닮았다. 어느 쪽이 물개이고 물범인지 구별하지 못하는 사람도 많을 것이다. 간단히 판별하는 첫 번째 방법은 '귀'다. 물개에게는 귓바퀴가 있는데 물범에게는 없다. 얼굴 좌우에 귀여운 귀(귓바퀴)가 뾰족하게 달렸다면 물갯과로, 일

물범은 귀가 보이지 않고(위), 물개는 작은 귀가 뾰족하게 보인다(아래).

본 주변에는 물개와 큰바다사자가 서식한다. 한편 귀가 보이지 않는다면 물범과로, 일본 주변에서 보이는 물범은 점박이물범과 참물범이라고 생각하면 보통 틀리지 않는다.

물갯과는 귓바퀴를 선명하게 확인할 수 있어서 영어권에서는

'Eared seal(귀가 있는 물범)'이라고 부른다. 학명인 'Otariidae'도 그리스어로 '작은 귀'라는 뜻인 'Otariid'에서 유래했다.

암컷은 젖꼭지의 수로도 구분할 수 있다. 젖꼭지가 좌우 2쌍, 총 4개면 물갯과, 젖꼭지가 좌우 1쌍, 총 2개면 물범과다. 참고로 젖꼭지 수에 상관없이 기각류는 기본적으로 1회 출산에 새끼를 1마리만 낳는다.

물갯과는 물범과보다 코가 길쭉한 것도 특징이다. 개로 비교하면 물갯과는 저먼셰퍼드처럼 코가 길고, 물범과는 퍼그처럼 짧다. 수족관에서 물갯과와 물범과를 볼 기회가 있다면 비교해 보는 재미가 있을 것이다.

또 수족관 쇼에서 인기 있는 쪽은 압도적으로 물갯과들이다. 일본 수족관에서는 캘리포니아바다사자, 남아메리카바다사자, 남아메리카물개 등이 주로 활약한다. 한편 물범과의 쇼는 세계적으로도 거의 드물다. 왜냐하면 물갯과와 물범과는 다리 구조와 기능에 큰 차이가 있기 때문이다.

물갯과의 남아메리카바다사자가 수영장 옆 단상 위에 앉아 사육사가 던진 공을 앞발로 잡거나 입으로 가볍게 쳐 내는 모습을 많이 봤을 것이다. 이런 재주는 남아메리카바다사자가 안정적인 자세로 단상 위에 앉을 수 있기 때문에 가능한 것이다.

남아메리카바다사자뿐 아니라 물갯과 동물들은 앞다리로 상체를 지탱한 뒤 뒷다리를 앞으로 구부리는 자세를 할 수 있다. 따라서 단상 위에 앉거나 뒷다리로만 자세를 유지하고 앞다리로 공을 잡을 수 있다.

물론 네 다리의 기능은 수족관에서 쇼를 하려고 생긴 게 아니다. 물갯과는 해양 포유류 중에서 육상에서 생활하는 시간이 비교적 길다. 따라서 육상에서도 어느 정도 부드럽게 이동할 수 있도록, 육지에서 생활하던 시절의 앞다리와 뒷다리의 기능이 여전히 남아 있다. 즉 앞다리로 상반신을 일으키고 뒷다리를 써서 '걸을 수' 있다. 참고로 물속에서 수영할 때는 앞다리를 날갯짓하는 것처럼 위아래로 흔들며 나아가고 머리 움직임에 따라 방향을 바꾼다.

일본 주변에는 큰바다사자와 물개가 서식하는데, 그들은 어부와 소중한 물고기를 놓고 경쟁하는 적이자 유해 조수[2]다. 야생동물과 원만하게 공존하는 여정은 쉽지 않은데, 우리 인간이 지혜를 짜내야 하고 그게 나 같은 연구자의 역할이기도 하다. 큰바다사자나 물개가 정치망[3]에 접근하지 못하도록 그들이 싫어하는 소리나 천적인 범고래 울음소리를 내보내는 장치를 하고, 어디에 얼마만큼 개체 수가 있는지 파악하는 조사와 연구를 진행 중이다.

---

[2]      인간의 생활에 피해를 주는 새와 짐승.

[3]      일정한 장소에 일정 기간 설치해 고기 떼가 지나가다가 걸리도록 하는 그물.

## 수중 생활에 더욱 잘 적응한 '물범과'의 생태

물범과는 현재 전 세계에 10속 18종이 알려졌다. 물갯과보다 압도적으로 수가 많아서 현재 기각류의 약 90퍼센트를 물범과가 차지한다.

물범과도 물갯과처럼 바다와 육지 모두에서 생활이 가능하다. 물갯과보다 물범과가 수중 생활에 더욱 적합한 생태를 획득한 덕분에 더 넓은 해역에 진출해 번식할 수 있었다고 본다.

앞에서 물갯과와 물범과의 외모를 비교하면서 물범과에는 귓바퀴가 없다고 했는데, 그렇다고 귀가 없는 건 아니다. 귓구멍이 있고, 청각도 발달해 있다. 그저 밖에서 보이는 귓바퀴가 없을 뿐이다. 사실 이것도 수중 생활에 특화하기 위한 방법이다. 고래나 듀공의 생김새를 보면 알 수 있듯이, 수중에서는 몸에 튀어나온 부분이 있으면 수영할 때 저항이 늘어나 헤엄치는 속도가 떨어지고 체온 유지에 방해를 받는다.

같은 이유로 물범과는 수컷 생식소인 정소(고환)가 늘어지지 않고 복강에 들어 있다. 완전한 수중 생활을 선택한 고래나 돌고래, 듀공, 매너티도 그렇다. 물갯과의 정소는 복강 내는 아니지만 대퇴부(허벅지) 근육 안에 들었다. 역시 덜렁거리는 걸 달고 있으면 수중에서는 방해가 되고 물의 저항을 받기 쉬워 균형을 잡기 어렵다. 이것도 바다로 돌아간 포유류의 큰 특징이다.

또한 생활의 대부분을 수중에서 하는 물범과는 뒷발을 물갯과처럼 몸 아래로 구부릴 수 없다. 앞발로 상반신을 지탱하는 것도 어려워서 육상에서는 자벌레처럼 몸을 굽혔다 펴며 이동해야 한다. 당연히 물개들처럼 앞발로 공을 잡는 재주는 못 부린다. 그러니 수족관 쇼에서 거의 보지 못한다.

그래도 오래전에 출장을 갔던 네덜란드 텍셀섬 수족관에서 물범 쇼를 본 적 있다. 쇼라지만, 물범은 바닥에 벌렁 누워서 고개만 사육사 쪽을 보며 사인이 한 번 나올 때마다 작은 앞발을 열심히 흔드는(전혀 흔들리지 않지만) 간단한 재주를 보여 주었다. 또 손바닥을 이쪽으로 하고 관객에게 안녕 인사하거나 몸을 뒹굴려 오른쪽에서 왼쪽으로 데굴데굴 이동하곤 했다.

그래도 나는 물범의 모습을 보고 순식간에 반해 버렸다. 나뿐만 아니라 관객 모두 환하게 웃으며 물범의 안녕에 뜨거운 갈채를 보냈다.

육상에서는 이렇게 둔해 빠진 물범과지만, 일단 물에 들어갔다 하면 다른 생물로 둔갑한 것처럼 진가를 발휘한다. 빠른 속도로 수영하고, 오른쪽 왼쪽으로 자유자재로 움직이며 또 몸을 세우거나 뒤집은 채 기분 좋게 쉬기도 한다. 수중을 우아하게 헤엄치는 모습은 몇 시간을 봐도 질리지 않는다. 어느 수족관에서 수중에 선 채로 잠든 물범이 화제가 되었다는 뉴스도 본 적 있다.

사실 물범은 해양 포유류 중에서도 잠수 능력이 뛰어난 편이어

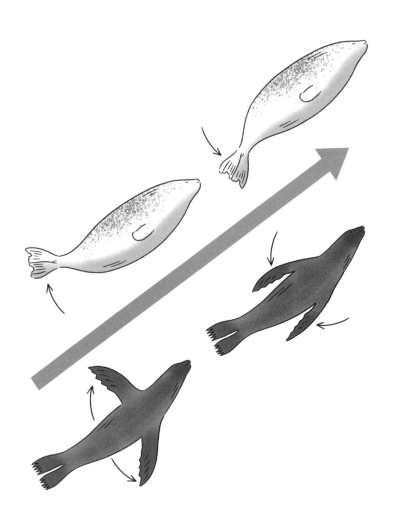

물범은 뒷발을 좌우로 흔들며 헤엄치고(위),
물개는 앞발을 흔들며 헤엄친다(아래).

서, 약 300미터를 잠수하는 바다사자와 달리 남방코끼리물범은 수심 2,000미터 가까이 잠수한 기록도 있다. 잠수했다가 급부상하면 물범도 잠수병이 생길 위험이 있다. 그래서 깊이 잠수한 후에는 나선을 그리며 천천히 떠올라 수압에 몸을 적응시키는 종류도 있다. 또 수중에서 나선형으로 수영하면서 자거나 쉬는 물범도 있다고 한다. 역시 물범과는 수중 모습을 관찰하는 게 제일 좋다.

수영할 때, 앞서 소개한 물갯과는 앞발을 쓰는데 물범과는 뒷발을 좌우로 흔들며 나아간다. 그 뚱뚱하고 봉긋한 커다란 공 같은 물범의 체형은 물의 저항을 조금이라도 줄이기 위해 불필요한 요소를 최대한 없애서 완성한 궁극적인 형태일지도 모른다.

일반적으로 뚱뚱하고 봉긋한 체형의 물범보다 날렵한 체형인 물개가 물의 저항을 적게 받을 거라고 생각하는 사람도 있을 것이다. 그런데 꼭 그렇지만은 않다.

물갯과가 갸름한 체형인 건 맞지만, 가슴지느러미가 길어서 신체와의 사이에 공간이 생긴다. 그러면 가슴지느러미를 흔들 때마다 난류가 생겨 저항이 발생한다. 물범도 그렇지만, 수영이 장기인 종인 향고랫과나 부리고랫과 중에는 가슴지느러미를 극단적으로 작게 해서 최대한 물의 저항을 받지 않는 잠수함 같은 방추형(데굴데굴한 체형)으로 진화한 종이 있다. 물범은 귓바퀴도 없애고 최대한 몸을 덩어리처럼 만들어 탄환처럼 앞으로 나아갈 수 있게 했다.

또 체형이 날렵하면 순발력은 좋을지 모르지만, 지구력을 유지할 에너지를 장시간 생산하지 못한다. 그런 점에서 물범처럼 피부 밑지방이 풍부하면 헤엄칠 때의 에너지를 항상 생산할 수 있으므로 물속에 오랜 시간 있을 수 있다.

해양에서 하천으로 헤매 들어온 물범에 대한 뉴스가 큰 화제가 된 적이 있었다. 해수에서 담수로 이동하면 염분 조절이 어려워 금방 죽을 것 같은데, 건강한 모습으로 인기를 끌었다. 정확한 이유는 모르나 물범 같은 기각류는 육상에서도 살 수 있으므로 어느 정도의 기간이라면 고래나 듀공보다는 오래 담수에서 생활할 수 있나 보다.

강에 있는 물고기를 먹고 강가에서 쉬는 생활을 유지할 수 있다면, 담수 환경에도 적응할 수 있을지 모른다. 실제로 러시아 바이칼호수(담수)에는 바이칼물범이 산다.

## 바다코끼리는 암컷에게도 엄니가 있다

바다코끼리는 물갯과와 물범과의 특징을 모두 갖췄다. 바다코끼리는 귓불을 포함한 귓바퀴가 없고 수영할 때 뒷발을 좌우로 흔들며 헤엄치는 등 물범과와 같은 특징을 지녔다. 한편 뒷발은 배 아래로 구부릴 수 있어서 육상에서는 물갯과처럼 이동할 수 있다. 즉 양쪽의 좋은 면을 골라 수륙양용 생활에 가장 잘 맞는 체형과 생활상을 획득했다.

그러나 바다코끼리가 겪어 온 역사가 그랬듯, 앞으로 겪을 미래도 결코 밝지 않다. 5,000만 년쯤 전, 북태평양에서 최고 전성기를 맞은 것으로 보이고, 지금까지 10종류 이상의 화석종(오랜 옛날 번성했으나 지금은 사라진 종)이 발견되었다. 그러나 현재는 전 세계에 1속 1종만 존재한다.

원인 중 하나는 먹이 문제다. 물갯과나 물범과는 헤엄치는 어류나 두족류(오징어나 문어), 갑각류 등 그 자리에서 발견한 먹이라면 뭐든지 다 먹는다. 그런데 바다코끼리는 저서생물(벤토스), 즉 쌍각류와 고둥 같은 연체동물 이외에 해저 흙에 사는 게나 새우 같은 갑각류, 어류가 주식이다. 이렇게 먹이의 다양성이 부족해서 현재 1속 1종까지 감소했다.

'음? 어디서 들은 이야기인데?'

맞다. 수염고래인 귀신고래도 바다코끼리처럼 먹이 기호성을 중시한 결과, 비슷한 길을 걸었다.

해양에는 먹이가 될 생물이 잔뜩 존재하는데도 왜 굳이 일부의 먹이만 먹으려 할까. 더 다양하게 먹으면 지금도 많은 종과 만날 수 있을 텐데. 바다코끼리 팬인 나는 안타까울 따름이다. 반면에 이렇게 서툴게 살아가는 점에 마음이 뭉클하기도 한다.

그나저나 해저의 자잘한 먹이를 먹는데도 바다코끼리의 몸길이는 270~360센티미터, 몸무게는 500~1,200킬로그램에 달한다. 몸

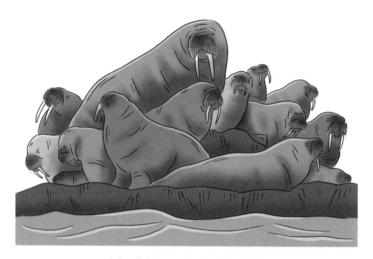

바다코끼리 불(bull)과 암컷이 이룬 하렘.

길이와 몸무게의 폭이 큰 것은 수컷과 암컷의 크기가 전혀 다르기 때문이다. 몸 크기에 따른 성적이형은 바다코끼리에게서도 발견되는데, 수컷은 그야말로 거대하다. 그중에서도 더 크고 강한 수컷이 불(bull)이 되어 하렘을 이룬다.

또 기각류 중 바다코끼리만의 특징으로는 '엄니'가 자란다는 걸 들 수 있다. 발달한 송곳니인데, 바다코끼리가 마음만 먹으면 북극곰의 급소를 꿰뚫을 수 있을 정도로 이 엄니의 위력이 대단하다. 반면에 바다코끼리의 두툼한 지방층은 북극곰의 송곳니도 관통하지 못한다고 한다.

바다코끼리는 흥미롭게도 수컷뿐 아니라 암컷에게도 멋진 엄니가 자란다. 엄니란 일반적으로 수컷의 강함을 보여 주는 상징이다. 이 엄니가 암컷에게도 자란다면 이야기가 좀 달라진다. 바다코끼리가 엄니를 어떻게 쓰는지와 관련해서는 다양한 이론이 있는데, 적을 쓰러뜨리거나 수컷끼리 투쟁할 때 이외에 해저 먹이를 찾거나 육지로 올라갈 때 몸을 지탱하는 용도 등이 있다고 본다.

사실 바다코끼리의 종이 쇠퇴한 또 한 가지 배경에 이 엄니도 있다. 엄니에서 코끼리의 상아와 같은 가치를 발견한 인간들 때문에 한때 바다코끼리는 남획의 대상이 되었다. 엄니뿐 아니라 바다코끼리의 고기는 식용으로, 튼튼한 피부는 강인한 로프의 재료가 되는 등 다양한 용도로 사용되었다. 대서양 스발바르제도나 그린란드 주변에 서식하던 바다코끼리는 약 3세기 반 만에 2만~3만 마리에서 수백 마리로 격감했을 정도다.

현재는 각국에서 마련한 강력한 보호 아래 현생종의 수가 비교적 안정되었다. 그러나 한번 격감한 개체 수를 원래대로 되돌리기란 쉬운 일이 아니다.

## 야생 바다사자 무리에게선 지독한 냄새가 난다

나는 바다코끼리를 사랑한다. 특히 바다코끼리 새끼가 귀여워 미치겠다. 동글동글한 체형, 초점이 안 맞는 듯한 눈, 맹한 얼굴. 물범 새끼도 귀여운데 바다코끼리 새끼의 귀여움은 가히 폭력적이다.

그러나 야생 바다코끼리는 북극권에 살아서 일본 주변에서는 볼 수 없다. 언젠가 야생 바다코끼리를 관찰하고 싶다는 꿈도 있다. 다만 바다코끼리를 포함해 기각류가 상륙하는 바위나 섬은 분뇨 때문에 악취가 지독한 걸 아니까 꿈의 실현에는 솔직히 소극적이다.

예전에 학회 참석차 미국 산티아고에 갔을 때, 틈을 내서 배를 타고 바다사자가 서식하는 본고장 섬에 간 적이 있다.

"저 곳을 넘으면 곧 바다사자들이 보입니다."

선내 방송을 듣고 "어? 어디? 어디?" 하고 배에서 몸을 내밀어 주위를 둘러봤는데, 바다사자의 모습을 확인하기도 전에 엄청난 냄새가 갑자기 몰려와 나도 모르게 숨을 참았다. 그 후에 바로 섬 위나 바다에 있는 바다사자 무리가 보였다. 대자연 속에서 느긋하게 지내는 그들의 모습을 보자 잠깐 냄새도 잊을 정도로 감동했다.

바다코끼리는 체구가 더 크니 하렘을 직접 보면 더욱 압도되겠지. 그러나 냄새도 바다코끼리급일 거라고 상상하면 머뭇거리게 된다. 그나저나 냄새를 그렇게 뿜어 대면 금방 적에게 들키지 않을까 걱정이다.

기각류 중에는 신생아일 때만 솜털(lanugo)이 나는 종류도 있다. 애니메이션 캐릭터나 인형으로 흔히 보는 하얀 물범은 바로 이 솜털이 보송보송한 새끼를 모티브로 삼은 것이다. 물범 중에 얼음이나 눈 위에서 육아를 하는 종이 있는데, 새끼를 주위 환경색(흰색)과 동화시켜 외적인 북극곰에게서 지키려는 목적으로 보인다.

물범 새끼(위)와 폭력적으로 귀여운 바다코끼리 새끼(아래).

그건 이해하겠는데, 북극이나 남극 같은 극한의 땅은 생물이 거의 존재하지 않아 기본적으로 무취라고 들었다. 그런 곳에서 바다사자 무리처럼 엄청난 냄새를 내뿜으면 "우리가 여기 있지롱~!" 하고 적에게 알리는 꼴이 아닌가. 북극곰이 냄새를 못 맡을 리 없다. 실제로 먹이를 찾는 북극곰은 눈밭이나 유빙 틈에 코를 박고 킁킁 부지런히 냄새를 맡는다.

그래도 신생아가 솜털을 뒤집어쓰면 조금이라도 북극곰의 공격을 피할 수 있나 보다. 그렇다면 대단한 생존 전략이다. 얼음 위에서 무방비한 채로 잠든 귀여운 물범 새끼를 보면 '부디 무사히 자라렴' 하고 저절로 기도하게 된다.

그러나 자연계에서의 삶은 항상 먹고 먹히는 혹독한 나날이다. 솜털이 가득한 새끼도 예외는 아니어서, 태어난 순간부터 생존을 위한 전략을 익힌다. 펭귄을 보면서 그 사실을 실감했다.

## 새끼의 생존 전략 — 펭귄 편

펭귄은 포유류가 아니라 조류여서 내 전공은 아니지만, 포유류와 연결되는 이야기니 잠깐 언급하겠다. 펭귄은 전 세계에 18종류가 존재하고 크기로는 황제펭귄이 넘버원, 킹펭귄이 넘버투에 군림한다. 아마 수족관에서 많이 봤을 것이다. 황제펭귄과 킹펭귄 부모는 크기 이외에는 초보자의 눈으로 식별할 수 없을 정도로 닮았다. 머리와 앞날개는 까만색, 가슴 상부는 노란색, 복부와 앞날개 안쪽은 흰색, 귀 주변은 주황색이다. 그런데 새끼 때는 전혀 다르다.

황제펭귄 새끼는 부모의 4~5분의 1 정도로 아주 작다. 털색은 배가 하얗고 등이 회색이라 전체적으로 희끗희끗한 인상이다. 부모 발 위에 폴짝 올라가 부모의 배에 안겨 쿨쿨 잔다.

한편 킹펭귄 새끼는 키가 부모와 비슷하게 크고, 갈색의 복슬복슬 두툼한 깃털이 온몸을 덮었다. 그래서 딱 보면 부모보다 커 보인다. 그 커다란 새끼가 부모 뒤를 졸졸 쫓아다니며 자기보다 작은 부모에게서 먹이를 받아먹는다.

킹펭귄 가족(왼쪽)과 황제펭귄 가족(오른쪽).

부모는 비슷하게 생겼는데 왜 새끼는 이렇게 다를까? 새끼일 때의 솜털 색은 각자 환경에서 살아남기 위한 것이다.

먼저 황제펭귄은 수컷도 알을 품고 육아에 참여한다. 부모 중 하나가 늘 새끼를 보호할 수 있으므로 작고 약해도 자랄 수 있다. 또 얼음 위에서 새끼를 키우므로 새끼의 깃털이 하얀 편이 주위 환경과 동화해 보호색이 된다.

한편 킹펭귄은 부모 모두 새끼를 두고 먹이를 잡으러 간다. 부모가 올 때까지 새끼는 내내 기다려야 하고 2주에 한 번 정도만 먹이를 먹는다. 그러니 부모와 비슷한 크기로 태어나 혼자 살아남는다. 킹펭귄은 얼음 위와 바위 양쪽에서 육아를 하므로 새끼가 갈색 깃털을 지닌다.

바위에 있을 때는 괜찮은데, 그렇게 크고 복슬복슬한 새끼가 얼음 위에 오도카니 있으면 존재감이 대단해서 눈에 안 띌 재간이 없다. 그래도 그들이 선택한 적응이니 지켜 주고 싶다.

## 오호츠크 돗카리 센터의 턱수염바다물범

오호츠크해에 면한 홋카이도 북동부 몬베쓰시에 '오호츠크 돗카리 센터'라는 시설이 있다. '돗카리(トッカリ)'란 홋카이도 선주민(先住民)인 아이누[4]의 말로 물범이라는 뜻이다. 야생 물범을 보호하고, 훗날 야생으로 돌려보내는 시설이다. 새끼부터 젊은 물범까지 그곳에 있는데, 보호하게 된 이유도 제각각이다.

오호츠크 돗카리 센터에서 보호하는 물범은 일반인도 견학할 수 있고, 입장료는 센터 운영자금으로 사용된다. 보호하는 야생 개체를 실제로 보고 센터의 존재 의의와 활동을 이해하는 사람도 늘어서 지원이나 기부도 많이 모인다고 한다.

물범을 보호하는 시기는 출산·육아 시즌인 초봄이 절정이다. 그러나 언제 몇 마리의 물범이 오는지 현실은 좌초 현상과 마찬가지로 예상할 수 없다. 따라서 한 번에 4~5마리의 유체가 들어오면 스태프들은 잘 시간도 없이 돌보느라 센터에서 며칠씩 묵는 게 일상

---

[4]     일본의 홋카이도와 러시아의 사할린, 쿠릴열도 등지에 분포하는 소수 민족.

다반사라고 한다.

내가 전임인 야마다 다다스 선생에게 동물연구부 연구원 자리를 물려받은 2015년, 이 센터의 수의사에게서 연락을 받았다.

"보호해서 야생에 돌려보내려고 한 턱수염바다물범이 치료 중에 버티지 못하고 폐사했어요. 이 개체를 박물관에서 활용해 주시겠어요?"

"저희가 꼭 받겠습니다!"

두말할 것 없이 받아들였다.

기각류는 전신이 털로 덮여 있어서 모피와 골격 모두를 표본으로 보존할 수 있다. 당시 과박에는 턱수염바다물범 본박제 표본이 없었다. 감사한 제안이어서 곧바로 현지로 갔다.

턱수염바다물범은 성체여서 체격도 컸고, 전신에 상처도 없는 훌륭한 개체였다. 곧바로 부검을 시작했는데, 소화기에 궤양과 출혈이 있었다. 살아 있을 때 설사와 혈변을 봤고, 혈액검사 결과 백혈구(림프구 등 체외에서 어떤 미생물이 침입했을 때 최전선에서 싸우는 혈구들의 총칭)의 수치가 높았으니 어떤 감염병에 의한 소화 기능 부전으로 폐사했다고 진단했다.

부검을 마친 후, 본박제용 모피를 벗기는 작업을 시작했다. 본래 본박제를 제작할 때는 모피를 벗기는 단계부터 전문가에게 부탁하는 게 관례다. 그러나 그때는 홋카이도까지 함께 갈 예산이 없어서 전문가의 작업 순서를 떠올리며 우리 과박 스태프가 본박제용 모피를 벗겨야 했다.

1장에서 설명했듯이 가죽을 벗길 때는 칼을 넣는 부위를 최대한 적게 하는 것, 즉 머리 위에서 발끝까지 덮어쓴 옷을 벗는 것처럼 부드럽고 신중하게 모피를 벗기는 것이 중요하다. 발톱과 발톱이 붙은 발가락 끝의 뼈는 모피 쪽에 남길 것. 그러면 본박제에 실물 발톱이 달린 현실적인 본박제 표본이 된다.

단, 발톱만 남기면 후드득 떨어져 버리는 경우가 많으니 발톱과 연결된 끝마디뼈도 모피 쪽에 남기는 것이 규칙이다. 또 피부밑지방이 최대한 모피 쪽에 남지 않도록 벗겨야 한다. 이렇게 전문가에게 배운 정보를 하나하나 확인하며 벗겼다.

정말이지 시간과 수고가 드는 작업이다…. 특히 기각류는 손발이 짧아서 절개한 부위를 마지막에 전용 실로 꿰매면 육상 포유류보다 실밥이 눈에 잘 보여 눈속임하기 어렵다. 그러니 육상 포유류보다 절개 부위를 작게 해야 완성품이 보기 좋다. 그러나 말이 쉽지, 초보자가 하기에는 너무 어려운 일이다.

우리가 묵묵히 모피를 벗기는 동안 옆에서 보호 중인 물범들이 성대하게 울었다. 배가 고파서인지 우리에게 관심이 있는 건지 모르겠지만, 살아 있는 야생 물범을 느끼며 부검을 하고 모피를 벗기다니, 뭐라고 설명하기 어려운 묘한 기분이었다.

저들은 이 턱수염바다물범의 죽음을 이해할까. 장기를 절개했으니 저들도 피비린내를 맡을 테고 평소와 다른 일이 벌어진 것을 냄새로 알았을 것이다.

그런 생각을 하며 작업하기를 약 4시간. 턱수염바다물범의 박피를 무사히 마치고 귀가했다. 그 후, 전문업자에게 본박제 제작을 부탁했는데, 마침 내가 과박 상근직에 취임한 해여서 축하하는 의미로 적은 비용으로 해 주었다. 내게는 여러 의미로 감명 깊은 표본이었다.

현재 다양한 전시장에서 많은 사람이 이 턱수염바다물범을 본다. 표본을 보며 담소를 나누는 가족을 보면, 극한의 홋카이도에서 곱은 손에 입김을 호호 불어 가며 반나절 동안 모피를 벗긴 고생 따위는 훨훨 날아간다. 고생한 보람이 있었다고 진심으로 생각한다.


## 해달은 육상에서 거의 못 걷는다

물범 같은 기각류와 종은 다른데, 해양 포유류 중에서 고래류와 기각류 못지않게 인기인 해달도 마지막으로 소개하고 싶다.

해달은 식육목 족제빗과로 분류되는 해양 포유류다. 같은 족제빗과인 수달이나 족제비 중에도 물가에서 서식하는 종이 있다. 그런 족제빗과의 일부 종이 바다로 진출해 해달의 조상이 되었다고 추측한다. 야생 해달은 북반구 바다에만 분포한다. 미국, 캐나다, 러시아 동부를 비롯해, 최근에는 홋카이도 주변 해역에도 서식하는 것으로 알려져 있다.

식육목으로 분류되는 해달은 기본적으로 동물단백질이 주식이다. 개조개, 바지락, 대합 같은 조개류를 특히 좋아하고, 게와 새우 같은 갑각류와 성게도 좋아한다. 단단한 껍질을 딱딱 깨트려 먹는다. 작은 몸집에 어울리지 않게 대식가로, 수족관에서는 돈이 많이 드는 사육동물 1위가 해달이라고 한다. 식비가 어마어마하다나.

또 지금은 금지됐지만, 한때 야생 해달은 매우 고가로 거래되었다. 수족관 스태프의 이야기에 따르면, 해달 1마리 가격이 독일제 고급 차 1대를 거뜬히 살 정도의 금액이었다고 한다. 인기 만점인 동물이어서 그만큼 가격이 비싸도 거래되는 상황이었다.

수족관에서 해달을 관찰하면, 물범과 마찬가지로 수중과 육상에서 보이는 동작이 전혀 다르다. 모피를 지닌 해양 포유류 중에서 가장 수중 생활에 의존하는 동물은 해달이라고 해도 좋다. 물범 이상이다.

일단 해달은 육상에서 거의 걷지 못한다. 언제 수족관에서 해달이 육상 이동하는 모습을 볼 기회가 있다면 잘 관찰해 보시기를.

사람이 입는 옷 중에 고쟁이라는 바지가 있다. 일반적인 바지보다 밑위가 극단적으로 길어서 이 옷을 입으면 다리 사이에 막이 생긴 듯한 모습이 되는데, 해달의 뒷다리가 고쟁이 바지를 입은 상태와 똑같다. 양쪽 다리와 몸통이 완전히 모피로 이어졌다. 따라서 육상에서는 네 다리를 써서 걷기보다 앞발을 땅에 대고 지지대로 삼

해달의 뒷다리는 고쟁이처럼 생겼다.

아 몸 전체를 앞으로 끌어당기며 이동한다. 그 모습을 보고 있으면 '끙차끙차!'라는 소리가 들리는 듯한데, 물범 이상으로 자벌레 보행이다. 빨리 뛰지도 못한다.

참고로 해달의 앞발에는 개, 고양이의 발바닥 젤리(발볼록살)와는 조금 다른 젤리가 있다. 육상 생활을 위한 것인 줄 알았는데, 아무래도 먹이를 움켜쥐는 용도인 듯하다.

그래도 일단 바다에 들어가면 힘을 발휘한다. 네 다리가 있으니 북극곰처럼 개헤엄을 치거나 물범처럼 좌우로 흔들며 헤엄칠 것 같은데, 둘 다 아니다. 고쟁이 상태인 하반신을 상하로 흔들며 헤엄친다. 돌고래나 고래처럼 탄탄한 하반신을 복부 쪽으로 흔들며 나아

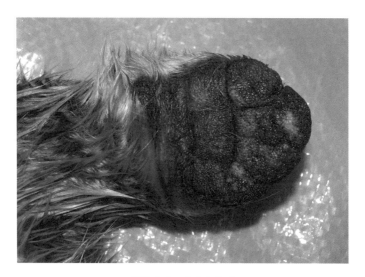

해달에게도 젤리가 있다!

간다.

해달도 물범처럼 온몸이 모피로 덮여 있다. 앞서 설명했듯이 해양 포유류 가운데 털은 가진 종은 육상에 머무는 시간이 비교적 길어서, 추위를 견디기 위해 한겨울 중무장한 사람처럼 모피 코트를 걸친 경우가 많은데, 신기하게도 해달은 생애 대부분을 바다 위에서 보낸다. 그렇게 바다에 있으면 몸이 차가워지지 않을까? 혹은 젖은 털 때문에 가라앉으면 어쩌나 걱정이다.

다행히 해달은 바다에 완벽하게 적응해서 털이 이중 구조로 촘촘하게 나 있고, 피부에 가까운 솜털 같은 짧은 털 사이에는 공기층이 존재해서 체온이 달아나지 않는다. 해달 모피는 동물계 최고의 밀도를 자랑한다. 인간의 머리카락 총량을 해달 모피로 환산하면, 사방 1센티미터에 다 들어간다고 한다.

앞서 해달이 대식가라고 설명했는데, 이 역시 수중에서 체온을 일정하게 유지하기 위해 열을 계속 생산해야 하기 때문으로 여겨진다. 단순한 먹보가 아니라 대식가가 되어야 했던 이유가 있었다. 또 모피 바깥쪽의 길고 억센 강모는 외부의 충격이나 자극에서 몸을 지켜 준다. 이 강모는 피지샘의 유분 덕분에 발수성과 강인성을 지녔다.

해달은 자기 몸을 항상 그루밍(털고르기)한다. 혀로 핥아 털 표면을 늘 건강하고 청결하게 유지하고 유분을 모피 구석구석 골고루 묻혀 발수성이나 강인성을 유지한다. 따라서 몸 상태가 나빠지거나 그루밍을 제대로 못 하면 순식간에 물에 빠진다.

보온성과 발수성이 뛰어난 해달의 모피를 인간이 가만둘 리가 없다. 과거 러시아의 탐험가이자 박물학자인 게오르크 빌헬름 스텔러Georg Wilhelm Steller가 해달 모피 900장을 러시아로 가지고 돌아왔는데, 품질이 뛰어나고 고급스럽다는 평판이 자자했다(267쪽 참조).

미국 알래스카주부터 캘리포니아주에 걸친 지역은 많은 해달이 무리를 이뤄 살아가는 서식지인데, 공교롭게도 북아메리카가 양질의 모피 산지인 것이 알려지자 셀 수 없이 많은 해달이 포획되었다. 당시 해달의 모피는 소프트 골드(부드러운 금)로 여겨져, 그 시기 러시아에서 인기였던 검은담비 모피보다 비싼 가격으로 러시아제국과 중국, 유럽에서 거래되었다.

이후로도 남획은 계속되어, 1820년에는 캘리포니아의 해달이 거의 멸종되기에 이르렀다. 일본도 이투루프섬에서 오네코탄섬에 이르는 쿠릴열도에서 포획이 성행해 1900년 초에는 북태평양 서식 개체 수가 급격히 줄었다. 사태의 심각성을 느끼고, 1911년에 일본, 미국, 러시아, 영국 4개국이 국제보호조약(Fur Seal Treaty, 물개보호조약)을 체결했다. 이로써 1741년부터 1911년까지 약 170년간 이어진 세계적인 남획이 마침내 끝날 수 있었다.

나중에 미국은 위 조약에 추가해 해양포유류보호법(Marine Mammal Protection Act), 멸종위기종보호법(Endangered Species Act) 등을 공포했다. 덕분에 한때 몇 마리 무리만 드문드문 있을 정도로 격감했던 개체 수가 현재 3,000마리 정도까지 늘었다. 그러나 해달의 수는 아직 안정되지 않아 여전히 멸종위기종이다.

일본에서도 야생 해달은 거의 멸종했다고 여겨졌는데, 수년 전부터 홋카이도 해안에서 관찰되기 시작했다. 어미와 새끼도 있다고 한다. 다만 관찰 장소는 일부러 밝히지 않겠다. 세계적인 조약이 있다지만, 만에 하나라도 스텔러바다소의 전철을 밟는 일이 있어서는 안 된다. 해달을 위해서라도 부디 이해해 주시기를.

# 국립과학박물관의 화백 '와타나베 씨'

와타나베 씨 이야기를 조금 더 하고 싶다. 와타나베 씨의 대단한 점은 업무 기술을 익히기 위해 노력을 아끼지 않는 것이다. 표본화 작업은 물론이고 그림을 그리는 능력도 탁월하다.

지금처럼 고성능 촬영 기기나 프린터가 보급되지 않았던 시대, 연구자가 논문을 작성하려면 연구 대상인 생물의 그림을 당연히 직접 그려야 했다. 그 유명한 레오나르도 다빈치Leonardo da Vinci나 신경세포 연구로 유명한 산티아고 라몬 이 카할Santiago Ramón y Cajal도 연구 대상을 직접 스케치했다. 다빈치의 그림은 영국 왕실이 소유한 윈저 성에 지금도 소중히 보관되어 있다. 그런데 연구자 중에는 그림이 서툴거나 너무 바빠서 그림 그릴 시간조차 없는 사람도 있다.

와타나베 씨는 연구자를 보조하기 위해 당시 휴일도 반납하고 동양화 교실에 다니며 그림 실력을 키웠다고 한다. 와타나베 씨에게 그림 의뢰가 쇄도한 건 말할 필요도 없다.

완전히 프로 수준의 그림 실력이어서 나는 '와타나베 화백'이라고 부른다. 과박 뮤지엄 숍에 가 보면 지나친 찬사가 아님을 알 수 있다. 숍에서 판매하는 과박 오리지널 상품 중 '세계의 고래' 포스터는 와타나베 씨의 작품이다.

와타나베 씨는 그 외에도 연구자의 서적이나 과박 정기간행물의 삽화도 담당했다. 누구보다도 과박에 정통하고, 아무리 어려운 일이라도 모든 작업을 완벽하게 해낸다. 실로 과박의 레전드다.

표본화 같은 장인 정신이 필요한 일은 뛰어난 손재주나 빠른 눈치, 응용력 등 타고난 자질도 어느 정도 필요한데, 그보다도 노력을 아끼지 않는 성실한 인품에 의지하는 면이 크다는 것을 와타나베 씨를 보면서 늘 생각한다. 나도 대학원 시절부터 표본화 작업에 참여해 왔다. 낫 놓고 기역 자도 모르던 초보 시절, 수많은 선배의 지도를 받은 덕분에 지금은 표본 장인의 끄트머리 줄에는 간신히 들어갈 수 있다.

와타나베 씨와 친해진 이유는 둘 다 동물이라면 좋아서 사족을 못 쓰기 때문이다. 얼굴을 봤다 하면 늘 집에 있는 동물 이야기로 신이 난다. 예를 들어 와타나베 씨는 길에서 다양한 동물을 데려온다. 고양이, 강아지는 물론이고 오리나 까마귀를 데려와 임시 보호한 적도 있다.

"저기, 다지마 씨. 얼마 전부터 까마귀를 보호하고 있는데 어쩌면 좋을까?"

언제던가 와나타베 씨가 내게 물은 적이 있었다. 까마귀를 보호한다는 것에 먼저 놀랐고, 와타나베 씨가 나를 수의사로서 혹은 상담 상대로서 믿어 준다는 것이 기뻤다.

"글쎄요, 어떻게 하면 좋을지 동물 병원 원장 동기들한테 물어볼게요. 아, 까마귀는 새니까 야마시나조류연구소의 친구에게도 물어볼게요."

나는 사방팔방 열심히 전화를 걸었다. 쥐도 되는 먹이 종류와 잠자리 만드는 법 등의 정보를 모았고, 그 결과 까마귀는 무사히 야생으로 돌아갈 수 있었다.

그 밖에도 동네에 사는 여러 길고양이의 건강 상태 이야기, 키우는 강아지 '무사시'나 역대 고양이들에 관해서도 걱정되는 일이 있을 때마다 내게 상담했다. 나도 끔찍하게 사랑하는 고양이 3마리와 동거 중이어서 와타나베 씨의 마음을 절실하게 이해한다.

동물 이야기를 나누다가 어느새 각별한 사이가 되었고, 박물관의 이모저모도 배웠다. 학창 시절부터 과박에 신세를 졌던 나는 처음에는 연구자라고 불리는 사람들이나 사무 담당인 조금 무서운 어른들을 대하는 게 힘들었다. 그럴 때 옆에서 도와준 사람이 와타나베 씨였다.

표본 제작도 처음부터 가르쳐 주었다. 골격표본이나 표본 라벨 만드는 방법을 비롯해 골격표본에 등록 번호를 쓸 때는 먹으로 쓰는 게 제일 좋다는 것도 배웠다.

"먹은 유분에 강하고 표본에 해를 끼칠 염려도 없어. 게다가 저렴하니까 파는 것 중에서 최고지!"

이유까지 자세하게 알려 주었다.

와타나베 씨의 등을 보며 배운 것도, 들어서 배운 것만큼 많다. 작업 노하우는 물론이고 알아야 할 지식이나 정보, 다른 사람과 커뮤니케이션하는 방법, 규범에 이르기까지 박물관에서 살아가는 법을 배운 것이나 마찬가지다.

분명 와타나베 씨가 내게 가르쳐 준 것은 과박 내에서 선배에게서 후배로 줄곧 전해져 내려온 것이리라. 그런 가르침을 후대에 전하는 것이 나의 사명 중 하나다. 앞으로도 와타나베 씨에게 가르침을 청하며 고양이 수다로 꽃을 피워야지.

# 6장

# 듀공, 매너티는 타고난 채식주의자

## '인어 전설'에 이의 있습니다!

매너티와 듀공 이야기를 꺼내면 열에 아홉은 "인어의 모델인 그 동물이죠?"라는 반응이 돌아온다. 그런 전설이 널리 퍼진 건 사실이다. 매너티와 듀공은 모두 해우류에 속하고, 젖꼭지가 좌우 옆구리 아래에 달려서 언뜻 보면 새끼를 안고 젖 먹이는 모습이 사람처럼 보여 인어 전설의 유래가 되었다.

다만 해우류를 실제로 보면 디즈니 애니메이션에서 나오는 인어의 외모와는 (매우 실례지만) 전혀 다르다. 학술적으로도 해우류의 정식 명칭인 '해우목(海牛目)'은 라틴어로 'Sirenia'이며, 그리스신화에 등장하는 요괴 세이렌(Seirên)에서 왔다. 세이렌은 상반신이 인간 여성, 하반신이 새나 물고기 모양이라고 한다. 요염한 모습과 노랫소리로 선원들을 유혹해 바다로 끌어들인다.

여기에서도 '요염한 모습'이라는 표현이 나오는데, 과연 매너티와 듀공이 요염한가 하면 "으음…?" 하고 고개를 갸웃거리게 된다.

해양 포유류는 어류나 양서·파충류와 달리 피부 표면이 매끈매

인어와 닮았나? 매너티(위)와 듀공(아래).

끈하고 직접 만져 보면 탄력성 있고 따뜻하다. 바다에 빠져 의식이
흐릿해졌을 때, 매너티나 듀공이 스르륵 나타나 어쩌다 보니 육지
쪽으로 밀어 주었다면, 정신을 차린 후에 '그건 인어였어!'라고 생각
할지도 모른다. 혹은 여유롭고 느긋하게 헤엄치는 해우류의 모습이
어떻게 보느냐에 따라 우아해 보일 수도 있다.

　이렇게 갖가지 이유를 끌어들여 보지만, 솔직히 요염한 인어처
럼 보이진 않는다. 그래도 매너티도 듀공도 초식성이어서 성격이
온화하고, 인어로 보이지는 않아도 부들부들하고 개성적인 얼굴이
라 정말 사랑스럽다. 특히 지쳤을 때 그들이 풀을 먹는 모습을 보면

정말 힐링이 된다. 돌고래의 생글생글 웃는 얼굴과는 또 다르게 '괜찮니?', '너무 열심히 한 거 아니니?' 하고 다정하게 말을 걸어 주는 따스함이 있다.

그런 까닭에 매너티와 듀공이 직면한 현실이 너무 걱정스럽다. 현재 전 세계에 생존이 확인된 해우류는 겨우 4종이다. 매너티과의 아프리카매너티, 서인도제도매너티, 아마존매너티, 그리고 듀공과의 듀공이다. 고래나 기각류(물범, 바다사자 등)와 비교해 너무 적다. 그렇게 된 배경에는 식생활이 크게 자리하고 있다.


## 듀공, 매너티의 주식은 '해초'


해우류는 해양 포유류 중 유일한 채식주의자로, 주식은 '해초'다. 바다에서 자라는 풀이라고 하면 우선 '해조'가 생각날 것이다. 미역이나 다시마가 대표적으로, 이들은 종자가 아니라 포자를 날려 번식한다. 그런데 해우류가 주식으로 먹는 것은 해조가 아니라 '해초'다. 해초는 종자식물로, 성장하기 위해서는 해조류 이상으로 태양광이 필요하다. 바닷속에 태양광이 도달하는 범위는 수면에서 100미터 깊이가 한계다. 물의 투명도나 계절에 따라 더 얕아지기도 한다.

바다의 깊이는 3,000~6,000미터가 일반적이고, 가장 깊은 마리

듀공이 먹는 해호말.

아나해구는 약 11킬로미터나 된다. 에베레스트산(8,848미터)이 퐁당 들어가는 깊이다. 비율로 따지면, 그런 해양에서 깊이 100미터는 고작 전체의 1퍼센트밖에 안 된다.

이 얼마 안 되는 영역에서만 자라는 식물을 먹고 사는 해우류는 자연히 서식 지역이 제한된다. 즉 먹이 다양성을 이루지 못한 탓에 대규모로 번식할 수 없었다. 실제로 해우류의 화석종은 10종류 이상이라고 알려졌는데, 진화를 거치며 계속해서 쇠퇴해 왔다.

해우류의 화석종은 일본에서 다양하게 발견되었는데, 누마타해우, 다키카와해우, 도야마해우 등 발견된 지명으로 이름을 지었다. 다키카와해우는 지금으로부터 500만 년 전 지층에서 거의 전신 골격이 발견되었다.

다키카와해우는 아직 홋카이도 다키카와시가 바다였던 시절에 서식했던 듀공의 친척으로, 몸길이는 8미터나 되고 이빨은 없었으며 해초뿐 아니라 부드러운 해조도 먹었던 것 같다. 같은 지층에서 차가운 바다에 사는 조개류가 발견되었으니 당시에는 차가운 해류가 흘렀을 것이다. 현재도 각지에서 다양한 연구가 진행되고 있다.

현재 살아 있는 아프리카매너티, 서인도제도매너티, 아마존매너티, 듀공의 서식 지역은 태양광이 연중 내리쬐는 열대부터 아열대 지역의 여울로, 몇 마리에서 십수 마리가 느슨한 관계의 무리를 이루어 산다.

참고로 일본에서 유일하게 듀공을 사육하는 미에현 도바 수족관에는 셀레나라는 이름의 암컷 듀공이 있는데, 언제 봐도 맛있게 해초를 먹는다. 학창 시절 홋카이도 낙농가에 머물며 목장 실습을 할 때, 아침마다 내가 목초를 들고 가면 소들이 앞다투어 달려와 세상 제일 맛있다는 듯이 목초를 먹었다. 하도 맛있게 먹으니까 그렇게 맛있나 싶어 목초를 먹어 본 적도 있다. 당연한 소린데, 인간인 내게는 버석버석하고 딱딱해서 맛있기는커녕 아무 맛도 안 났다.

셀레나가 해초를 먹는 모습은 아무리 봐도 질리지 않아서 그때 느꼈던 호기심이 다시 생겼다. 이번에는 셀레나가 좋아하는 해호말을 먹어 볼까.

## 편하게 수중에서 떴다 가라앉았다 할 수 있는 이유는?

듀공과 매너티는 한 묶음으로 설명할 때가 많다. 그런데 자세히 보면 알겠지만 이 둘은 매우 다르게 생겼다. 듀공은 낮은 바다 밑에서 자라는 해초를 먹어서 입이 아래를 향하는 형태다. 한편 매너티는 해수면에 서식하는 물상추(해초나 수초의 일종, 물배추라고도 한다)를 즐겨 먹어서 입이 직선형으로 생겼다.

또 꼬리지느러미의 모양도 전혀 다르다. 듀공은 돌고래처럼 삼각형 꼬리지느러미를 지녔고, 외양성 종들이 구사하는 고속 순항(배와 나란히 달리는 돌고래 같은 수영법)도 할 수 있다. 한편 매너티의 꼬리지느러미는 커다란 주걱 모양으로, 연안성 종들처럼 급발진 가속도(꼬리지느러미를 한 번 흔들면 급속 가속하는 수영법) 영법을 주로 구사한다. 또 듀공 수컷은 멋진 엄니(위턱 제2 송곳니)가 있어서 엄니로 수컷을 바로 판별할 수 있다.

듀공은 적도를 낀 태평양부터 인도양, 홍해, 아프리카 동해안, 일본에서는 오키나와 주변에 서식한다. 매너티 3종의 서식 지역은 이름에서 알 수 있듯이 '아프리카매너티'는 아프리카 서부 부근, 아마존 고유종인 '아마존매너티'는 브라질, 콜롬비아, 에콰도르, 페루에 걸쳐 서식한다. '서인도제도매너티'(웨스트인디언매너티, 아메리카매너티라고도 한다)는 미국 플로리다주 부근에서만 서식하는 '플로리다매너티'와 바하마부터 브라질 연안 및 하천에 서식하는 '앤틸리스

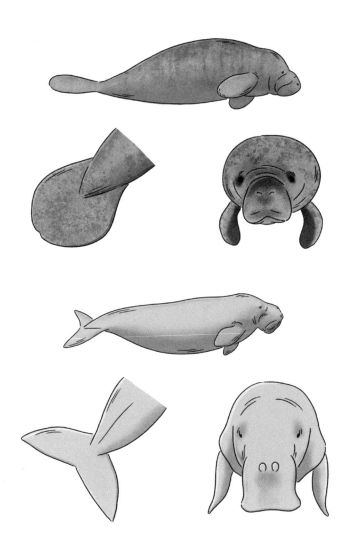

매너티는 직선형 입과 주걱형 꼬리지느러미를 지녔고(위),
듀공은 아래로 향한 입과 삼각형 꼬리지느러미를 지녔다(아래).

매너티'로 나뉜다.

오키나와는 듀공이 분포하는 최북단 해역이다. 그러나 최근 들어 먹이인 해초의 감소와 어업 등의 영향으로 듀공의 수가 격감해 멸종 위기에 놓였다. 태국이나 필리핀, 오스트레일리아 북쪽 해역에는 듀공이 안정적인 수로 서식하는데, 연안이다 보니 인간 사회의 영향을 받기 쉬워 멸종 위기와 항상 그 운명을 같이하고 있다. 매너티 역시 그렇다.

듀공과 매너티 사이에는 공통점도 많다. 몸길이는 3미터 전후이고 몸무게는 250~900킬로그램, 암컷보다 수컷이 크게 성장하는 경향이 있다. 초식성이어서 맹장이 있고 장도 비교적 길다. 소화에 걸리는 시간이 육지 초식동물보다 훨씬 긴 것도 특징이다.

재미있게도 그들은 에너지를 최대한 쓰지 않으려는 건지 단순히 게을러서인지는 모르겠지만, 해양 포유류 가운데 가장 수중에서 편한 자세를 유지할 수 있는 몸을 가졌다. 폐가 물고기의 부레와 거의 비슷하게 등 쪽에 빽빽하게 배치된 덕분에 자세를 세심하게 제어하지 않아도 자연스러운 자세로 뜰 수 있다. 또 골격이 워낙 무거워서 폐에서 공기를 조금만 빼도 미동하지 않고 가라앉을 수 있다.

어떤 동물이든 뼈 조직은 치밀질과 해면질로 이루어진다. 치밀질은 뼈 바깥쪽의 딱딱한 부분이고, 내부에 작은 구멍과 그물코 구조가 있는 부분을 해면질이라고 한다. 수중에서 서식하는 동물은 일반적으로 해면질을 늘리고 그사이를 지방으로 채워 물에 몸이 잘

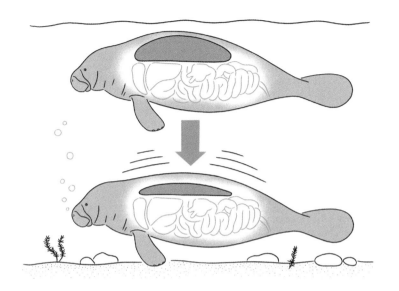

듀공과 매너티는 폐에서 공기를 빼 잠수한다.

뜨게 한다. 이는 고래나 돌고래에게서 특히 뚜렷하게 나타난다. 한편 해우류의 뼈는 치밀질을 늘려 중량을 많이 나가게 함으로써 쉽게 가라앉게 했다.

수영장에서 헤엄치는 상황을 상상하자. 우리 인간도 그렇지만, 포유류는 의외로 물에 뜨는 것보다 가라앉는 게 더 어렵다. 공기를 잔뜩 들이마신 폐와 물보다 가벼운 피부밑지방이 축적된 탓에 자연스럽게 뜬다. 다이빙할 때 무게추를 몸에 달고 들어가는 이유가 바로 그것이다.

해우류는 뼈를 무겁게 함으로써 폐의 공기를 빼기만 해도 떴다

가라앉았다 조정할 수 있게 진화했다. 몸의 구조가 대단히 효율적이다. 보기에는 조금 둔해 보이는데, 해우류도 자기 나름대로 교묘하게 수중 생활에 적응했다.


## 사실은 '코끼리'에 가까운 듀공과 매너티


내 전공은 아니지만 해우류의 기원을 조금 말해 보려고 한다. 해우류는 아프리카대륙을 기원으로 하는 아프로테리아상목(Afrotheria)으로 분류된다. 아프로테리아에는 땅돼지, 하이랙스(바위너구리목의 종), 아프리카코끼리도 포함된다.

외모가 전혀 달라서 이 동물들이 같은 진화 계통인 사실을 최근까지 알 수 없었다. 분자계통학(DNA 등 유전자 정보를 활용해 계통을 연구하는 분야) 연구가 발전한 덕분에 최근 들어 조금씩 수수께끼가 밝혀졌다.

아프로테리아 동물 대부분은 여전히 아프리카에서만 서식한다. 신생대 초기부터 중기(약 6,500만 년 전~2,500만 년 전)에 걸쳐 아프리카 대륙은 사방이 바다에 둘러싸여 다른 대륙과 연결되지 않았기에 다른 대륙에서 동물들이 침입하지 않았다. 따라서 수렴 진화한 결과 다양한 계통의 동물들이 아프로테리아가 되었다. 또 아프리카 대륙이 남아메리카 대륙에서 떨어져 나온 1억 5,000만 년 전에 아프로테리아가 다른 계통과 진화상 분리되었다는 학설도 있다. 이와 관련해서는 지금도 다양하게 논의가 진행 중이다.

어떤 가설이 맞든 번성기에는 대략 1,200종의 동물이 서식했다고 추측한다. 그러나 현재 서식하는 종은 약 75종으로, 많은 종이 멸종했다.

이런 기원을 고려해도 듀공과 매너티는 해양 포유류 중에서도 특이한 성질을 지녔다. 그들은 뼈가 극단적으로 무겁고 갈비뼈 수도 많다. 큰이빨부리고래나 향고래는 9~11개인데, 해우류는 평균 19개다. 아프리카매너티와 서인도제도매너티는 앞발에 발톱이 있다. 듀공 수컷은 엄니가 있고, 이빨 교환은 코끼리처럼 수평 교환(이빨이 뒤에서 앞으로 밀고 나오면서 자라는 것, 종에 따라 회수가 정해져 있다)이다.

전부 다 일반적인 해양 포유류에게는 없는 특징이다. 듀공과 매너티가 왜 이런 특징을 지녔는지는 아프로테리아나 다른 포유류와의 비교 연구를 통해 앞으로 서서히 밝혀낼 것이다.


## 플로리다에서 만난 매너티


대략 20년 전, 박물관 관련 사업으로 미국 플로리다주의 '해양포유류병리생물학연구소(Marine Mammal Pathobiology Lab)'를 방문한 적이 있다. 이 연구소는 주변 연안에서 발견되는 좌초된 개체나 생존 개체, 특히 서인도제도매너티(통칭 플로리다매너티)의 조사와 연구를 진행하는 곳으로 유명하다. 이곳에 일주일 정도 머물면서 실제 조사에 참여해 매너티 해부 기술과 기법을 배우거나, 사인 규명을 도와주고 좌초 조사 노하우를 배우는 게 방문의 목적이었다.

미국에서는 대통령의 전폭적인 지지 아래 해양포유류보호법이라는 법률을 제정했다. 나라에서 적극적으로 해양 포유류의 조사와 연구, 보호를 추진하는 것이다. 해군이나 육군도 해양 포유류와 관련한 활동 요청이 들어오면, 여기에 응하는 것이 의무다.

따라서 해양 포유류 관련 연구소나 학술기관은 어디나 예산이 윤택하고 설비나 인력도 충분하다. 그 덕분에 연구자들은 여유롭게 자기 일에 몰두할 수 있다. 내가 방문한 연구소도 마찬가지여서 일본과 다른 상황에 놀라며 자극적인 나날을 보냈다.

특히 연구소에서 당시 조사 팀의 리더를 맡았던 센티엘 롬멜 Sentiel A. Rommel 씨(애칭 부치 씨)에게 많은 신세를 졌다. 사실 부치 씨와 만나는 것도 이 연구소를 방문처로 정한 중요한 이유 중 하나였다. 부치 씨는 CT로 촬영한 3D 이미지를 활용해 매너티 몸을 해부학이나 형태학 측면에서 연구하는 분야의 일인자다.

연구소에는 매주 10마리 이상의 매너티 사체가 들어온다. 우리가 방문한 주에는 일주일간 15마리 이상 폐사했다는 정보가 연구소 벽에 걸린 화이트보드에 적혀 있었다.

아침, 해부실에 가니 이미 4~5마리의 매너티 사체가 놓여 있었다. 해우류 해부는 이때가 처음이었다. 등 한쪽에 길게 폐가 있는 것, 초식임을 알려 주는 맹장이 있는 것, 입 주변에 강모라는 감각이 뛰어난 털이 밀집한 것 등, 지금까지 책이나 논문으로만 알던 정보를 직접 관찰하고, 실물 매너티를 만지며 확인했다.

연구소에는 일주일에 10마리도 넘게 좌초된 개체가 들어오므로, 조사도 무의미한 움직임 없이 충실하게 진행된다. 미국 내 각종 시설에 연구용 샘플을 보내기 위해 용도에 맞춘 다양한 샘플 병이나 컨테이너를 준비해 두고 능숙하게 샘플을 채취한다. 숙련된 연구자들의 동작이 어찌나 아름답고 우아하던지, 이런 사람들이야말로 진짜 프로라고 감동했던 기억이 생생하다.


## 화려한 관광지 그늘에서 벌어지는 일


사실 플로리다에서 지낸 몇 주간 좋은 기억만 있었던 것은 아니다. 야생동물과 인간의 공존이 얼마나 어려운지 통감한 시간이기도 했다.

플로리다에는 해양 포유류뿐 아니라 플로리다 흑곰, 플로리다 팬서, 펠리컨, 악어 같은 파충류까지 다양한 야생동물이 서식한다. 동시에 세계적으로 유명한 관광지여서 1년 내내 수많은 관광객이 국내외에서 여가를 즐기려고 모인다. 특히 인기 있는 것이 해양 레저다. 요트, 보트, 제트스키, 패러세일링, 피싱, 다이빙 등 뭐든 가능해서 바다를 좋아하는 사람에게는 천국이다.

그러나 인간이 해양 스포츠를 즐기는 연안 지역은 매너티가 서식하는 지역이기도 하다. 부치 씨의 연구소에 매주 10마리 이상의 매너티 사체가 들어오는 이유가 바로 이것이다. 애초에 연구소는 이런 해양 레저가 매너티 같은 바다 생물에게 어떤 영향을 미치는지 그 실태를 파악하기 위해 설립됐다.

미국 정부나 플로리다주도 그 영향에 관해서는 어느 정도 알고 있다. 그러나 관광객과 관광업으로 얻는 수익이 막대한 만큼, 부유층 별장지로 인기를 끄는 이곳에서 해양 레저를 규제하는 것은 곧 자기들의 목을 죄는 일이나 마찬가지다. 따라서 일단은 실태 파악이 선결이라며 이 연구소를 만든 것이다.

대부분 자연환경이나 야생동물의 보호와 보전은 경제와 대치한다. 해양 포유류 보호와 연구에서 세계적으로 앞선 미국도 그렇다. 내가 부검한 매너티 사체의 등에도 보트 스크루 때문에 생긴 평행선 상처가 4~5개나 있었다. 관광객이 많은 주말을 지난 월요일에 특히 사체 수가 늘어난다는 사실도 파악했다.

매너티는 빠르게 움직이지 못하므로 보트나 요트가 고속으로 접근해도 피하지 못하고 충돌한다. 스크루에 등을 다치면 대부분 대량 출혈로 죽거나 충격을 받아 쇼크사한다. 혹은 상처가 폐까지

도달하면 급성 호흡 기능 상실로 폐사하고 만다. 그런 인위적인 원인이 사인의 상위를 차지하는 현실이 너무 안타깝다. 운 좋게 즉사하지 않아 보호되더라도 무사히 바다에 돌아간다는 보장이 없다.

실제로 보트 스크루 때문에 등을 다쳐 생사를 헤매는 매너티를 구조해 보호하는 동물원을 방문했다. 그 매너티는 다친 한쪽의 흉부가 기흉(폐 내부의 공기가 흉강 내로 새어 나오는 상태)으로 크게 부풀어 잠수하지 못하고 수면을 떠다녔다. 야외 수조여서 직사광선 때문에 수면 밖으로 나온 피부가 짓물러 그 부위에 자외선 차단제를 듬뿍 발라야 했다. 스태프 이야기에 따르면, 이 상태로는 살 수 있는 확률이 상당히 낮다고 한다. 이렇게 다친 매너티는 동물원으로 옮겨져도 대부분 살아남지 못한다.

우리 인간이 쾌적하고 즐겁게 보내는 시간은 매너티 같은 수많은 야생동물의 희생을 초래하는 시간이기도 하다. 인적 요인으로 죽은 개체를 매일같이 조사하는 부치 씨나 다른 스태프의 심정은 과연 어떨까. 당시 나는 직접 물어볼 수 없었다. 그래도 전부 인간과 야생동물이 공존하는 길을 모색하기 위해 매일 노력하는 것만은 분명하다. 물론 우리 일본 연구자도 그렇다.

복잡한 마음에 고뇌하던 어느 날 저녁, 연구소 근처 해안에서 본 아름다운 석양이 마음을 조금 달래 주었다. 이때 같이 석양을 보던 연구소의 남성 스태프 중에 새신랑이 있어서 부치 씨가 놀리듯이 "신혼 생활은 어때?"라고 묻자, 그가 딱 한 마디 "mellow(달콤해요)"

라고 대답했다. 행복에 겨운 그의 옆모습과 그를 축복하는 모두의 웃음소리를 지금도 잊지 못한다. 늘 심각한 표정으로 조사에 열중하는 그들의 사생활을 아주 조금 엿본 순간이기도 했다.

참고로 부치 씨에게는 사적으로도 많은 도움을 받았다. 부치 씨는 만화 『북두의 권』의 주인공이 떠오를 정도로 60대인 게 믿기지 않을 만큼 체격이 다부졌다. 베트남전쟁 때 일본의 미군기지에 머물렀던 경험이 있어서 일본을 친근하게 느꼈고 우리에게도 친절하게 대해 주었다.

그가 집으로 초대해 줘서 손수 만든 저녁을 얻어먹거나 자고 온 적도 종종 있었다. 외국에서는 연구자가 동료를 자기 집에 초대하는 일이 잦은데, 일본에서는 거의 경험하지 못한 일이어서 처음에는 '선물은 뭘 가지고 가야 하지?', '하룻밤 잔다면 목욕 수건을 챙겨야 하나?', '잠이 오긴 할까?' 하고 고민했다. 몇 번 경험하다 보니 익숙해져서 시골 할머니 댁에 가는 기분으로 각지 연구자들의 집을 방문하게 되었다.


## 듀공 표본 조사 in 푸켓

플로리다도 그렇듯이 세계적으로 유명한 리조트 지역이 해양 포유류의 주요 서식 지역이거나, 그곳에 연구시설이 있는 경우가 많다. 환경성 위탁 사업인 듀공 DNA 해석과 형태학적 연구를 위해 방문한 태국도 그랬다. 관광지로 유명한 푸켓 주변 바다에는 듀공이 살고, 일본의 수산청에 해당하는 기관의 분서인 'PMBC(Phuket Marine Biological Center)', 곧 푸켓해양생물연구소가 있었다.

푸켓 주변이나 태국 연안에 서식하는 듀공은 일본보다 개체 수가 안정적이다. 그러나 이곳도 플로리다와 마찬가지로 듀공 폐사 사고가 자꾸 일어나 국가 차원에서 보호 정책을 펼치고 있었다.

태국에 가기 전, 친구가 "푸켓에 간다니 진짜 부럽다!"라고 말했다. 그래서 "아니, 어디까지나 일이니까 놀 시간도 거의 없어. 선물도 기대하지 말 것!"이라고 대답했는데, 실제로 도착해 보니 역시 세계적인 인기 리조트 지역이었다. 공항에 도착하자마자 미스 태국 같은 아리따운 아가씨들이 히비스커스 꽃 장식을 목에 걸어 주어 조금 마음이 들떴다.

이때 우리가 머문 숙소는 제임스 본드로 익숙한 〈007〉 시리즈의 촬영지였던 호텔이었다. 어쩜담…, 놀러 온 기분이 팍팍 들어서.

'오오, 여기를 그 유명한 로저 무어가 걸었구나.'

상상하고 실실 웃었다. 하지만 관광객 기분은 그때뿐, 다음 날 일을 시작하자 금세 사라지고 말았다.

PMBC에는 '칸자나'라는 여성 연구자가 있다. 나라에 소속된 연구자로 PMBC의 소장이었다. 태국 연안에 서식하는 해양 포유류를 연구하는데, 특히 듀공의 생태학과 보호 활동에 힘을 쏟았다. 오키나와 류큐대학에서 박사 학위를 따서 일본어도 조금 할 수 있고, 듀공에 관한 많은 연구 실적을 쌓았다. 연구를 위한 자재나 기기가 충분치 않은데도 일본 교토대학 연구 팀과 공동 연구를 하며 듀공 개체 수와 행동, 음성 등 연구를 진행했다.

또 PMBC에서는 살아 있는 개체의 연구뿐 아니라 사체로 발견된 듀공이나 다른 해양 포유류, 바다거북도 가능한 한 부검을 실시한다. 골격도 표본으로 보관되어 있어서 우리는 도착한 다음 날부터 보관된 듀공의 골격표본 조사에 들어갔다. 머리뼈와 갈비뼈 사진을 찍고 측정하고 뼈의 수를 세었다. 일본 개체와 다른 점이 있는지 확인하기 위해 세부 구조를 관찰하고 또 사진을 찍었다.

듀공 이외의 표본도 정리했다. 예정된 일도 아니었고, PMBC에서 부탁한 것도 아니었지만, 표본 보관 상태가 그리 좋지 못했고 아무렇게나 놓인 것도 많았기 때문이다. 우리 일본 팀은 표본을 보고 종을 동정하고 표본에 따라 적절한 방법으로 다시 보관했다.

결과적으로 PMBC 스태프들이 기뻐한 것은 물론이고 우리에게도 '오오, 이런 표본이 있네', '태국에는 이런 종이 있네' 하는 새로운 발견으로 이어졌다. 해양 포유류 연구를 진행한다는 공통적인 목적 아래 전 세계 현장들이 협력하는 것은 정말 기쁘다.

# 태국 연구자 칸자나 씨

칸자나 씨는 대단한 분이다. 연구 최전선에서 활약할 뿐 아니라 듀공 보호 활동의 중요성을 일반인에게 널리 알리려고 노력한다. 티셔츠, 머그잔, 모자, 토트백 등 듀공 캐릭터를 넣은 상품을 만들고, 그림책이나 SNS, 강연회 등을 통해 듀공이 처한 현실과 인간이 지금 해야 할 일을 꾸준히 알린다. 아시아 일부에서는 지금도 여전히 해우류를 진귀한 식용으로 여겨 밀렵이 끊이지 않는다. 그런 사람들에게 이해를 구하는 활동도 펼친다.

태국은 불교 국가이기 때문인지 일반적으로 동물에게 다정하고 관용적이다. 인간도 동물도 동류로 여기는 시선이 강한 탓일까? 해양 포유류에 관해서도 조사와 연구를 매우 열심히 하고 있어서 우리도 배울 점이 많았다.

듀공의 음성을 녹음하기 위해 바닷속에 고정 카메라와 하이드로폰(수중 마이크)을 설치해서, 녹음된 음성과 그들의 행동을 관찰한다. 이로써 듀공이 어디에서 먹이를 먹고 어디에서 쉬고 새끼를 키우는지 다양한 사실을 알아낼 수 있다. 특히 주의를 기울여야 할 무리나 해역도 특정할 수 있어서 보호 대책을 세우기 쉬워진다. 듀공의 야행성 습성도 이런 끈질긴 조사를 통해 알아냈다.

칸자나 씨 팀은 듀공뿐 아니라 벵골만에 서식하는 브라이드고래도 오랫동안 조사해 왔다. 이곳에 사는 브라이드고래는 입을 벌린 채 수면에 머무르며 먹이인 생선이 알아서 입에 들어오기를 기다리는 태평하기 짝이 없는 섭식을 한다. SNS에서 크게 화제가 되어 알고 있는 사람도 있을 것이다.

듀공 조사 이외에 고래를 조사할 때도 칸자나 씨에게 신세를 졌다. 일본에 좌초한 오무라고래 개체를 신종으로 논문화하기 위해 태국 국내에 있는 유사한 수염고래 골격표본을 2주에 걸쳐 조사하러 다녔다.

8인승 밴을 타고 태국 국내를 이동하느라 이러니저러니 2주나 함께 먹고 자며 지냈다. 민영 방송사에서 제작해 인기를 끌었던 방송 속 러브왜건'과는 다르지만, 2주 동안 동료 의식이 강해져 마지막 날에서는 공항에서 눈물 젖은 작별을 했다. 이 조사로 모두 53개체의 수염고래 골격표본을 조사했는데, 이 과정에서 앞서 소개한 앤스로포미터(133쪽 참조)도 큰 활약을 했다.

칸자나 씨는 세심한 사람이어서 좁은 밴에서 우리가 답답해한다 싶으면 몇 번이나 차를 세워 태국의 과일이나 과자를 사서 기력을 보충해 주고, 유명한 사원이나 불당을 지나면 전문 가이드처럼 상세하게 설명해 주었다. 유머 만점이고, 식사하는 내내 웃음을 잃지 않았다.

---

1 〈아이노리(동승, 합승)〉에 나온 차. 〈아이노리〉는 남성 4명과 여성 3명이 여행하며 연애 감정을 교류하는 내용의 일본 예능 방송으로, 이들이 타고 다닌 차가 러브왜건이다.

칸자나 씨는 10년 전에 암으로 타계했다. 많은 신세를 진 우리 과박 스태프는 싱가포르에서 있었던 학회가 끝난 뒤 투병 중인 칸자나 씨를 만나러 갔다. 항암 치료 중이었는데도 미소는 예전처럼 활기차서 안심이 되었다. 하지만 현지 스태프 이야기를 들어 보니 전날까지 상태가 나빠서 도저히 사람을 만날 상태가 아니었다고 한다. 칸자나 씨의 미소에서는 그런 흔적이 전혀 보이지 않았는데, 생각해 보면 다른 사람에게 언제나 마음을 쓰는 다정한 그이다운 모습이었다.

칸자나 씨의 SNS는 지금도 인터넷에 남아 있는데, 거기에 듀공 일러스트가 올려져 있다. 지금도 그가 듀공과 함께 너른 바다를 자유롭게 헤엄치고 있을 거라고 상상한다. 태국에서는 그의 뜻을 물려받은 여러 스태프가 지금도 듀공과 브라이드고래를 조사하고 연구한다.

### "다지마 씨, 오키나와에서 듀공이 죽었는데…."

일본에는 난세이제도 연안에 야생 듀공이 아주 소수 서식한다. 이곳이 듀공 서식 지역의 최북단이다. 그러나 미군기지와 공항 건설 등의 영향으로 듀공의 먹이인 해초 서식지가 격감해 현재 최악의 멸종 위기에 직면했다. 듀공을 지키기 위해 평소 보호단체와 정부 사이에서 다양한 조정이 오가는 것을 아는 사람도 많을 것이다.

몇 년 전 어느 날, 환경성 사람이 갑자기 과박에 전화해 나를 찾았다.

"오키나와에서 성체인 암컷 듀공의 사체가 발견되어 환경성과 오키나와츄라우미수족관 주도로 사인 규명을 위한 부검을 실시할 예정입니다만, 조사를 위해 몇 가지 조언을 받고 싶습니다."

이런 용건이었다. 자칫 큰일이 되겠다고 예감했다. 조사 결과는 생물학적인 안건으로 끝나지 않는다. 앞서 언급했듯이 정치적인 문제도 관련된다는 사실을 고려하면 상당한 각오가 필요했다.

애초에 부검을 한다 해도 사인을 특정할 수 있을지 확신할 수 없었다. 전문가 팀이 집결해서 "아무것도 알 수 없었습니다"로 마무리될 사안이 아니라고 직감했다. 그래서 협력할 수 있을지 없을지는 나중으로 미루고 일단 이야기를 들어 보았다.

환경성 사람의 설명은 다음과 같은 내용이었다. 오키나와에서는 환경성을 포함한 연구 팀이 앞서 알아보았던 태국과 마찬가지로 하이드로폰(수중 마이크)을 각지에 설치해 오키나와 주변의 듀공 서식 장소와 행동 관찰을 진행한다. 그런데 그 하이드로폰에 한밤중에 우는 듀공의 울음소리가 며칠에 걸쳐 녹음된 시기가 있었다. 그 울음소리가 전에는 들어 본 적 없는 유형이었다. 그 후 얼마 지나지 않아 듀공 사체를 발견했으니 아마도 그 개체가 울었을 것이라고 추정, 생전에 그 개체에게 어떤 사건이 일어나 폐사했을지도 모른다고 추측했다.

현재 듀공의 사체는 지역 수족관에 운반되었고 부검 팀도 편성했는데, 내게 어느 부위를 관찰하고 어떻게 샘플을 얻고 어떤 추가 검사(세균검사 및 혈액검사, 환경오염물질 해석 등)를 하면 사인 해명에 도달할 수 있는지 조언을 바란다는 것이다.

"아니, 말씀은 간단한데요…."

속으로 중얼거렸다.

고래나 돌고래 조사라면 과거 경험을 통해 어느 정도 예상할 수 있으나 해우류 조사는 플로리다에서 했던 경험뿐이다. 솔직히 말해 전혀 자신이 없었다. 그런데 마음과 반대로 내 입에서 깜짝 놀랄 말이 나왔다.

"듀공도 고래와 같은 포유류이니 공통점은 있어요. 특정한 이상이나 변화가 있으면 알 수 있을 거예요. 만약 조사한다면 저도 그 부검 조사 팀에 참가할 수 있을까요?"

으아아악! 무슨 소리를 하는 거야! 속으로는 완전히 공황 상태였다.

또 저질렀다. 처음에는 "일단 들어 보기만 할게요."나 "참가할지 검토해 보고 싶습니다."라고 말할 생각이었는데, 결국 연구자로서 흥미나 탐구심이 앞서 스스로 참가 의사를 밝히고 말았다.

전화를 끊고 괴로워하는데, 옆에서 전부 지켜보던 스태프가 "괜찮아요, 다지마 씨. 매번 그러시잖아요."라고 위로했다. 그렇다. 정말이다. 매번 그랬다. 이렇게 됐으니 좌우간 해 보는 수밖에.

환경성에서 다시 전화가 와 나는 기쁘게도(!) 부검 팀에 들어가게 되어 곧바로 오키나와로 날아갔다.


## 엄청난 압박 속에서 사인을 찾다


환경성의 연락을 받고 며칠 후, "멘소레!"[2]라는 환영사를 들으며 나하 공항에 도착했다. 다음 날 아침부터 시작할 조사에 대비해 숙소에서 조금 쉬려고 하는데, 환경성 사람이 나를 로비로 불렀다.

"조사가 끝날 때까지 이번 일은 비공개로 해 주시길 바랍니다."

"조사 후에도 환경성의 공식 발표 전까지 조사 내용을 극비로 해 주십시오."

잇따라 엄중한 지시를 받은 뒤, 서약서까지 썼다. 호텔 방에 돌아온 후 뒤늦게 사태의 심각성을 느끼고, 부겐빌레아꽃이 흐드러지게 핀 창밖 풍경을 바라보며 참여한 것을 잠깐 후회했다.

다음 날 아침, 수족관에 도착해 관계자와 인사를 나눈 뒤, 조사대상인 듀공과 대면했다. 몸길이가 3미터쯤 되는, 동글동글 살찐 입체적인 체격의 암컷 개체였다. 외모로 보아 제법 나이가 든 개체로

---

2        오키나와 방언으로, '어서 오세요'라는 뜻.

추정되어 노화도 염두에 두는 게 좋겠다고, 일찌감치 병리사로서의 판단이 머릿속에 스쳤다.

외형 측정과 사진 촬영을 원활하게 마치고, 장기 조사에 들어갔다. 같은 해양 포유류라도 고래와 장기 배치가 전혀 달랐다. 매너티와도 달랐다. 먼저 심장이 목 바로 아래(흉강에서 머리 가까운 부분)에 있어서 표피를 벗길 때 신중에 신중을 기했다. 폐는 등 한쪽을 차지하기에 먼저 배의 장기를 빼지 않으면 폐 전체를 볼 수 없다. 장은 초식성인 만큼 아주 길고 굵어 고래보다도 다루기 힘들었다.

조사 내내 오키나와의 더위가 체력을 빼앗았다. 해부실은 바람이 잘 통하지 않았고, 감염증 대책을 위한 방호복과 마스크가 더위를 한층 부추겼다. 평소보다 더 땀범벅인 채로 장을 조금씩 끌어내면서 심장을 신중히 꺼냈다. 과연 어떤 결과가 나올지 긴장한 까닭에 식은땀마저 같이 흐르는 것 같았다.

짧은 휴식 시간에 스포츠음료를 벌컥벌컥 마셨다. 문득 어린 시절, 아버지가 빨대 포장지를 아코디언처럼 접고 거기에 물을 한 방울 떨어뜨린 뒤 좌르륵 늘려 살아 있는 송충이처럼 보이게 하는 곡예를 나와 여동생에게 보여 줬던 게 생각났다. 포장지 송충이처럼 몸속에 수분이 좌르륵 스며들었다.

해부, 재개.

꺼낸 주요 장기에서는 아직 눈에 띄는 이상은 없었다. 만약을 위해 병리 검사용으로 샘플을 채취했다. 다시금 피부 표면에 변화가 없는지, 머리 쪽부터 신중하게 관찰했다. 그러던 중 한 스태프가 몸통 오른쪽 복부 피부에서 구멍 같은 것을 발견했다. 다 같이 재차 관찰해 보니 정말로 지름 1센티미터 정도의 구멍이 있었다.

구멍은 아직 배 속에 남은 장 쪽으로 뻗었는데, 바로 그곳에 길이 23센티미터의 가오리 가시 같은 것이 박혀 있었다.

"찾았다!"

소리를 지를 뻔했다. 그래도 일단 꾹 참고 가시 끝을 찾았다. 그 결과, 장 일부가 가시 때문에 파열되어 내용물이 복강 안에 퍼져 있음을 알 수 있었다. 틀림없이 이것이 사인이다. 자연사임을 판명한 순간, 현장 공기가 단숨에 부드러워졌다.

이어진 추가 조사에서 가시는 오키나와 주변에 서식하는 분홍채찍가오리의 가시임이 판명되었다. 분홍채찍가오리는 다이빙 업계에서도 위험 생물 목록에 오른 종이다. 인간도 이 가시에 찔리면 다치거나 사망할 수도 있다.

암컷 듀공은 가오리 가시에 찔려 아픔을 견디지 못하고 한밤중에 내내 울었을 것이다. 울음소리가 며칠에 걸쳐 녹음된 점을 생각하니 가슴이 아팠다. 듀공이 가오리 가시에 찔려 죽었을 줄은 그 누구도 상상하지 못했다. 한 건 한 건 실제로 부검을 하면서 이런 지식을 쌓아 간다.

# 스텔러바다소는 왜 멸종했을까

마지막으로 해우류에 관한 에피소드를 하나 소개하고 싶다. 1741년, 덴마크 출신 탐험가이자 러시아 해군 장교였던 비투스 요한센 베링Vitus Jonassen Bering이 캄차카반도, 알루샨열도, 알래스카를 탐험하는 항해에 나섰다. 참고로 알래스카와 시베리아 사이의 베링해협은 이 베링의 이름에서 따왔다. 이 항해에는 게오르크 빌헬름 스텔러라는 인물도 동행했다. 스텔러는 독일인이지만 러시아제국의 박물학자이며 탐험대의 의사였다.

항해 도중, 코만도르스키예제도의 무인도(후에 베링섬이라고 불린다)에서 배가 난파해 대장인 베링이 예기치 못하게 병사했다. 스텔러가 대신 대장이 되어 무인도에서 극적으로 탈출했다.

스텔러는 이때의 체험을 바탕으로 『이상한 해양동물 이야기』, 『캄차카 이야기』 등의 보고서를 썼고, 둘 다 그의 사후에 간행되었다. 이 저서에서 그는 무인도의 연안 해역에서 스텔러바다소, 안경가마우지, 참수리 등 새로운 생물을 발견했다고 언급했다. 스텔러바다소는 해우류의 일종이고, 안경가마우지는 민물가마우지나 가마우지 같은 바닷새의 일종, 참수리는 맹금류의 일종이다.

얄궂게도 이 저서로 인해 사람들은 코만도르스키예제도에 사는 진귀한 동물들의 존재를 알았다. 그 결과 스텔러바다소와 안경가마우지의 남획이 시작되었고, 스텔러바다소는 발견된 지 고작 27년

프랑스 국립자연사박물관에서 보관하고 있는 스텔러바다소의 골격.

만에 멸종했다. 유일하게 참수리만 현재도 서식하며, 일본 홋카이도와 한국에서도 볼 수 있다. 최대급 맹금류다.

스텔러바다소는 몸길이 11미터, 몸무게 6톤이나 되는 대형 종으로, 듀공이나 매너티와 달리 한대부터 아북극권에 서식했다. 초식성인데 해초가 아니라 해조(미역이나 다시마 등)를 먹었다. 그러나 이미 멸종했기에 스텔러바다소의 생태나 외모 기록은 스텔러 사후 출간된 저서에만 남아 있다. 골격 같은 표본은 영국 자연사박물관, 프랑스 국립자연사박물관, 미국 국립자연사박물관 등에 보관되어 있어서 다른 조사를 위해 방문했을 때 볼 수 있었다. 엄청난 크기에 압도되었다.

스텔러바다소가 지금도 살아 있다면 해우류는 전 세계에서 더욱 번성했을지도 모른다. 하지만 인간이 위협 요소가 되어 그 가능성을 끊어 버렸다.

# 멸종 위기인 해부학자들

　박물관을 포함한 학술 세계에는 또 하나의 멸종위기종이 있다. 바로 해부학 전문 연구자다. 나도 그 개체군의 구석에 슬쩍 끼어 있다. 매너티(6장)나 바다코끼리(5장)를 두고 '좀 더 먹이 다양성을 이루었으면 번성했을 텐데' 같은 소리를 건방지게 썼지만, 내 연구 분야가 먼저 멸종한다고 생각하면 웃음도 안 나온다.

　박물관의 미래가 걸린 중요한 일이니 조금 어려운 이야기지만 잠깐 설명하겠다. 해부학이라고 통틀어 말하지만, 해부학에는 기능해부학, 육안해부학, 현미해부학(조직학), 계통해부학, 비교해부학 등 분야가 다양하다. 그중에서 나는 비교해부학과 육안해부학을 기본으로 한 논문을 작성해 도쿄대에서 박사 학위를 받았다.

　육안해부학이란, 해부 과정에서 어떤 구조와 부위를 '육안'으로 관찰하고 고찰하는 분야다. 그리고 여러 생물의 특정 구조를 비교하고, 그 과정에서 관찰된 차이나 공통 사항을 고찰하는 분야가 비교해부학이다.

　도쿄대에 재학 중이던 시절 나는 육안해부학과 비교해부학을 배우러 과박에 드나들었는데, 해부학 전문인 야마다 다다스 선생에

게 가르침을 받기 위해서였다. 야마다 선생은 도쿄대 이학부 인류학연구실을 졸업하고 15년간 의학부에서 육안해부학을 의대생에게 가르친 경력을 자랑한다. 그의 기술과 지식은 내 상상을 거뜬히 능가할 정도로 대단했다. 학자란 이런 사람에게 주어지는 칭호라고 처음으로 실감한 선생이다.

동료 선생들도 대단한 달인인데, 깊은 친교를 맺은 니가타현립 간호대학 명예교수인 세키야 신이치關谷伸一 선생도 그런 분이다. 그런데 이럴 수가, 이런 선생들이 지금 멸종위기종이다.

육안해부학은 매우 단순한 작업이어서 표본과 핀셋이 있으면 충분하다. 다만 바로 그렇기 때문에 관찰력과 고찰력, 이해력이 필요한 학문이며 연구자의 역량이 여실히 드러난다. 같은 표본을 관찰해도 선생들의 이해도와 기법에 도달하려면 오랜 경험이 필요하고 다양한 지식도 요구된다.

해양 포유류라는 특수한 동물이 대상이라면, 표본에 숨겨져 있는 포유류로서의 일반성과 바다로 돌아간 그들만이 획득한 특수성을 어떻게 식별하는지가 솜씨를 보여 주는 부분이다. 선생들은 그 '솜씨'가 대단했다.

예를 들어 우리 인간을 포함한 포유류에는 목부터 어깨에 걸친 승모근이라는 근육이 있다. 돌고래도 포유류이니 승모근이 있을 것이다. 그런데 한때 돌고래에게는 승모근이 없거나 있어도 인간과는 전혀 다르게 존재할 것이라는 학설이 있었다.

자, 사실은 어떨까? 이를 확인하려면 직접 승모근을 관찰해야 한다. 목부터 어깨에 있는 수많은 근육 중에서 먼저 승모근을 찾아 내야 한다. 그것도 확고한 근거를 바탕으로 해야 한다. 대충 '이게 승모근 같은데⋯'로는 예전 연구자들의 전철을 밟을 뿐이다. 확실한 근거를 찾으려면 근육을 지배하는 신경을 쫓아가는 것이 올바른 방법이다. 근육과 신경의 관계를 해명하는 작업이 정말이지 쉽지 않은데, 일단 찾아낸 후에도 어느 신경이 어느 근육을 지배하는지 더욱 세밀하게 추적해야만 결론에 도달할 수 있다.

야마다 선생이나 세키야 선생은 그런 작업을 쉽게 해내고, 중얼 중얼 혼잣말하며 승모근을 특정해 낸다. 두 선생을 지켜보면 내가 아무리 시간을 들여도 과연 그들을 쫓아갈 수 있을지 불안해지기까지 한다.

육안해부학 작업은 정신이 아득해질 만큼 1밀리미터 단위의 세심한 작업을 반복해야만 하므로 무척 많은 시간이 든다. 그런 작업에서 재미를 느끼지 못하면 그저 괴롭기만 한 단순 작업이 되고 만다. 따라서 반복 작업에 시간이나 자금을 투자할 여유가 없는 현장에서는 하지 않게 되었다.

현재 육안해부학은 '끝난 학문'으로 여겨져 학술기관에서는 후계자를 키울 환경이 점점 사라지고 있다. 그러나 해부학은 의학이나 수의학에서는 물론이고 생물을 배우는 데 있어서 기초 중의 기초이므로, 생물을 다루는 자라면 반드시 습득해야 할 학문이다.

"헛일 속에 보물이 잠들어 있으니 헛일을 경험하지 않으면 보물을 발견할 능력을 얻을 수 없어. 그러니 결과적으로 무엇 하나 헛된 일은 없어."

선생들에게 자주 이런 가르침을 받았다. 여기에서 말하는 보물이란 새로운 발견과 지금까지 미처 알아차리지 못한 결과라고 할 수 있다. 헛일처럼 보이는 일을 거듭해 경험치를 쌓아 이런 보물을 찾아내는 것이다.

일상생활에서도 무의미해 보이는 시간이나 경험을 어떻게 쌓아 가느냐에 따라 앞으로 그 사람의 삶이 결정되지 않을까? 지금도 두 선생은 대활약 중이다. 박물관은 해부학을 둘러싼 현상 속 마지막으로 남은 보루일지도 모른다.

# 7장

# 사체에서 들리는 메시지

## "사체를 좋아하세요?"라는 질문을 받고

얼음장 같은 바람이 부는 해안에서 피범벅이 되어 해안에 떠밀려 온 고래나 돌고래 사체를 부검하다 보면 이런 질문을 받는다.

"굳이 그렇게까지 부검을 할 필요가 있어요?"

또 이런 질문을 받은 적도 있다.

"사체를 좋아하세요?"

너무 직접적인 질문이어서 엉겁결에 웃었는데, 사체를 좋아하는 건 절대 아니다. 그래도 대학생 시절, 수의학부 수의병리학 교실에서 육상 포유류를 해부 실습하면서 몸의 장기나 기관이 정연하게 배치된 모습을 보고 감동한 건 사실이다. 또 개개의 조직을 현미경으로 보면 각각의 세포가 서로 연결되어 일정한 규칙에 따라 완벽하게 기능하는데 그 모습이 실로 신비로웠다. 우리가 어떤 구조로 살아 있는지, 불가사의를 배우는 것이 순수하게 즐거웠다.

세포 하나하나에는 분명한 역할이 있고, 맡은 역할을 완수하기 위한 기능을 갖췄다. 몸에 침입한 병원균에 대항해 비유하자면 미사일이나 독가스를 써서 죽이려는 세포(림프구)도 있고, 병원균을 야금야금 먹어 치우고 자살하는 세포(대식세포)도 있다. 또 오줌이 만들어지는 과정에도 오줌이 차면 방광 체적을 늘리기 위해 납작해지는 방광 세포(요로상피세포) 등 놀랄 만큼 많은 세포가 관여해서 실로 치밀하고 정교한 시스템을 구축한다.

눈에 보이지 않는 미시 세계에서 우리의 생명 활동을 지켜 주는 세포들에 감사하는 마음을 품었다. 지금도 이 마음은 똑같다.

한편으로 장기나 조직은 일단 그 시스템이나 법칙에 착오가 생기면 정상으로 기능하지 못하고 순식간에 죽어 버리는 연약함도 동시에 갖췄다. 오히려 건강이 유지되는 상태가 기적 같다.

그러니 난 사체를 좋아하는 것이 아니다. 정상적인 생명 활동이 이루어지는 것이 얼마나 대단한지 알기에 원인 불명으로 해안에 떠밀려 온 고래나 돌고래의 사체를 그냥 보고 넘기지 못한다. 본래 바다에 살던 포유류들이 왜 스스로 해안에 떠밀려 와 죽었을까, 그저 그 원인을 알고 싶은 마음이 지금 일을 시작한 동기다.

바다에서 사는 포유류가 스스로 해안에 떠밀려 온 것은 혹시 병에 걸렸기 때문은 아닐까, 대학 시절에 쌓은 경험을 활용해 그 원인을 하나라도 더 해명할 수 있다면 좌초 건수를 줄일 수 있지 않을까, 이런 생각도 있다.

# 사인으로 이어지는 한 줄기 길을 온 힘을 다해 찾다

해안에 떠밀려 온 해양 포유류들의 조사·연구에 종사하기 시작한 지 어언 20년이 지나려 한다. 죽어 버린 개체를 헛되이 하지 않으려고 대형 쓰레기로 처리되기 전에 하나라도 많은 개체를 조사하고 연구하기 위해, 좌초 보고가 들어오면 산더미 같은 짐을 지고 전국 어디로든 달려간다는 것을 앞에서도 이야기했다.

좌초의 외적 요인으로는 어망이나 어구에 뒤엉켜 폐사하거나, 혼획 또는 배와의 충돌 같은 사고 이외에 상어나 범고래 같은 천적의 습격으로 폐사하는 경우가 있다.

상괭이의 아래턱. 어망에 뒤엉킨 상흔이 있다.

외적 요인이 분명할 때도 부검을 병행한다. 무엇이 몸 안에 어떤 영향을 미쳤는지 확인하기 위해서다. 예를 들어 어망에 걸린 경우, 피부나 장기가 어떤 충격을 받아 죽음에 이르렀는지를 조사한다. 이는 해양 포유류와 인간이 공생하는 길을 찾기 위해서라도 중요한 일이다.

게다가 외적 요인으로 폐사한 듯 보이는 개체라도 장기가 건강하다는 보장은 없다. 병에 걸려 쇠약해져서 어망에 걸렸거나 천적의 공격을 받았다고 추측할 수도 있기 때문이다. 해양 포유류에게서 보이는 병은 우리 인간과 거의 비슷하다. 동맥경화증, 암, 폐렴, 심장병, 감염증이 대표적이다.

인간의 의학 영역에 법의학이라는 분야가 있다. 변사자 혹은 변사 의혹이 있는 사체는 검시(사법해부)해 원인을 특정하고 사건성 유무를 포함하여 샅샅이 밝힐 것을 일본 법률로 의무화했다. 해양 포유류를 비롯한 야생동물의 사체는 대부분 변사체이니 좌초한 개체의 부검은 이 검시와 비슷한 면이 있다. 사체에서 하나라도 많은 사인이나 원인에 관한 정보를 찾아낸다면, 앞으로 동물들을 치료하거나 건강을 관리하는 데 큰 도움이 될 것이다.

야생동물의 병리학적 조사는 살아 있을 때 정보가 전혀 없기에 몸 바깥쪽과 안쪽을 육안이나 현미경으로 꼼꼼히 관찰하고, 죽음으로 이어진 이상을 발견하는 작업을 철저하게 진행한다. 이때 기상 정보나 해양 환경에 변화는 없었는지, 다른 생물의 영향을 고려할

해부에 집중하면 지독한 냄새도, 피가 튀는 것도 아무렇지 않다.

수 있는지의 정보도 동시에 검토하면서 사인으로 이어지는 한 줄기 길을 모색한다.

일단 부검을 시작하면, 온 감각이 전부 좌초한 개체에 집중하기에 누가 말을 걸어도 들리지 않을 때가 종종 있다. 추위나 더위, 사체에서 나는 강렬한 부패취도 그럴 때는 전혀 느끼지 못한다. 무작정 장기에 코가 닿을 정도로 얼굴을 가까이 대고 그저 묵묵히 관찰하는 모습은 옆에서 보기에 괴이할 정도다.

좌초는 바다 생물들에게 불행한 사건이다. 늘 그걸 염두에 두고, 사체로 좌초된 개체를 대할 때는 온 힘을 다해서 사인을 해명하기 위해 노력한다. 사건을 쫓는 형사는 집념이 강한 사람일수록 진실

에 다가간다고 하는데, 우리가 좌초된 개체를 조사하는 모습도 집념 강한 형사와 가까울 것 같다.

그러나 아무리 집요하게 조사해도 모든 개체의 원인을 해명하지는 못한다. 오히려 사인을 모른 채 '죽었다'는 사실만이 남는 케이스가 압도적으로 많다.

때로는 신생아나 포유기인 유체가 혼자 떠밀려 와 쇠약해져서 죽기도 한다. 외적 요인이나 내적 요인뿐 아니라 왜 부모와 헤어졌는지, 왜 유체가 단독으로 죽었는지, 어미도 어딘가에 떠밀려 오지 않았는지, 알아내야 할 것이 너무 많다. 그러나 넓은 바다에서 벌어진 일을 알아낼 방법은 거의 없다.

작은 신생아가 넓은 해안선에 털썩 누워 있는 모습은 아무리 많이 봐도 가슴 한구석이 아려 온다. 부검을 실시해 사인을 특정하면 그나마 내가 조금은 도움이 되었다고 생각할 수 있는데, 사인을 모를 때는 무력감에 망연자실해진다.

그럴 때면 텔레비전 드라마에서 베테랑 형사가 정년을 앞두고 마침내 사건의 핵심을 발견하는 장면이 떠오르곤 한다. 분명 언젠가는 좌초의 수수께끼에 접근하는 큰 발견을 하는 날이 올 것이다. 그날을 꿈꾸며, 베테랑 형사를 목표로 사체와 마주하는 나날을 이어 간다.

# 대왕고래 새끼의 위에서 해양 플라스틱이 발견되다

사실 최근 들어 해양오염이 해양동물의 좌초와 관련 있다는 이론이 주목을 받고 있다. 특히 세계적으로 문제가 되는 것이 플라스틱 쓰레기의 영향이다.

플라스틱 쓰레기는 지름 5밀리미터 이상이면 '매크로플라스틱', 그 이하는 '미세플라스틱'으로 정의한다. 플라스틱은 거의 분해되지 않는 소재여서 일단 자연계에 퍼져 바다에 들어가면 장기간 바다를 떠돌며 '해양 플라스틱'이 된다. 바닷속 산소를 감소시키고, 용승(계절풍이나 무역풍 등의 바람, 지형 변화, 조류 영향으로 해양심층수가 바다 표층 가까이 올라오는 현상으로, 이 현상으로 영양염 풍부한 심층수가 빛이 닿는 표층에 옮겨져 식물성플랑크톤이 번식할 수 있다) 장애 등을 일으켜 해양생물의 생존 환경을 위협한다.

해양 플라스틱의 약 70퍼센트가 하천에서 유입된다는 자료도 있다. 즉 우리 인간의 생활권에서 플라스틱의 악순환 제1장이 시작된다는 뜻이다. 예를 들어 자동판매기 옆에 설치된 쓰레기통에서 넘친 페트병이나 길바닥에 버려진 플라스틱 제품은 큰비가 내리는 날 하수구나 하천에 유입돼 바다로 흘러간다. 바다로 흘러가는 도중, 혹은 바다로 흘러간 뒤에 플라스틱 제품은 햇빛이나 물리적인 마찰로 작은 파편이 되어 해양 플라스틱으로 축적된다.

지름 5밀리미터 이하의 작은 플라스틱 조각을 어류나 조개류 등

플라스틱 쓰레기가 미세플라스틱이 되어….

이 삼키면, 소화기관이나 장기에 상처가 생겨 그 자체가 사인이 되기도 한다. 바닷새나 바다거북이 대형 플라스틱을 삼켜서 위궤양에 걸리는 문제도 보고된다. 게다가 사람의 대소변에서도 미세플라스틱이 검출된다고 하니, 바다와 육지 양쪽에서 얼마나 빠르게 오염이 확산하는지 알 수 있다.

2018년 8월 가나가와현 가마쿠라시 해안에 대왕고래 새끼가 좌초했을 때, 위에서 지름 약 7센티미터의 비닐 조각을 발견했다고 앞서 언급했다(71쪽 참조). 이때는 마침 해양과 해양자원을 보전하려는 시도가 국가 차원에서 시작하려던 시기였다. 2030년까지 '지속 가능하고 더 좋은 세계를 꿈꾸는 국제 목표'로서, 2015년 유엔(UN) 정상회담에서는 '지속가능발전목표(SDGs: Sustainable Development Goals)'를 채택했고, 그 17개의 목표 안에 '해양 환경의 보전 및 해양자원의 지속 가능한 이용'이 포함되었다.

그런 사정도 있어서 대왕고래 새끼의 위에서 비닐 조각이 발견되자 국내외 매스컴에서 적극적으로 다뤘다. 이는 그때까지 관심 없던 사람들에게도 널리 알려지는 계기가 되었고, 국내에서도 다양한 활동이 생겼다. 플라스틱 쓰레기로 인한 해양오염의 심각성을 진지하게 받아들이는 사람이 늘어서 기뻤다.

사실 우리는 이미 25년쯤 전부터 좌초된 고래의 위에서 대형 해양 플라스틱을 발견했다. 그러나 이번처럼 젖먹이 새끼 고래의 위에서 지름 약 7센티미터의 비닐 조각이 발견된 것은 세계적으로 큰 충격을 주는 사건이었다. 최근 들어 해양 포유류뿐 아니라 해양생물 전체에 인간 사회가 끼치는 악영향이 더욱 심각해졌다.


## 환경오염물질 'POPs'의 위협


해양 플라스틱에는 그 자체가 해양생물 장기나 조직에 충격을 주는 것에 더해 또 한 가지 더 심각한 문제가 도사리고 있다. 플라스틱 조각에는 잔류성유기오염물질 'POPs(Persistent Organic Pollutants)'

가 흡착해 농축된다.

환경에 배출된 화학물질 중에는 대기오염이나 수질오염의 원인이 되거나, 장기간에 걸쳐 토양에 축적된 결과 생태계나 인간 건강에 영향을 미치는 환경오염을 일으키는 것이 있다. 이를 '환경오염물질'이라 한다. 그중에서 '분해되기 어렵고' '축적되기 쉽고' '장거리 이동성이 있고' '유해성이 있는' 화학물질을 POPs라고 부른다. 2004년 5월에는 POPs 감소를 목표로 하는 '스톡홀름협약'이 발효되었다. 그런 협약이 생길 정도로 위험성 높은 물질이다.

일반적으로 POPs는 먹이사슬을 통해 작은 생물에게서 큰 동물로 옮겨지고, 그때마다 점점 농축된다. 따라서 바다 먹이사슬의 정점에 있는 고래나 돌고래 같은 포유류는 고농도 POPs가 농축된 먹이를 일상적으로 먹는다. 이 자체로도 문제인데, 여기에 POPs가 고농도로 흡착된 해양 플라스틱을 삼키는 빈도가 늘어나면 더 많은 POPs가 체내에 축적된다.

POPs가 체내에 고농도로 축적되면 면역력이 낮아진다. 그 결과 감염증에 걸리기 쉬워지고, 암 발생이나 내분비 기능 이상(갑상샘, 부신, 뇌하수체에서 성장호르몬이나 성호르몬을 정상적으로 분비하지 못함) 등으로 이어질 가능성이 있다. 실제 일본에서 좌초한 해양 포유류 중 POPs가 체내에 고농도로 축적된 개체 중에는 건강한 개체라면 보통 걸리지 않는 감염증(기회감염)에 걸린 개체도 있었다.

특히 새끼가 POPs의 영향을 크게 받는 경향이 있다. 현재 알려진 POPs 대부분이 지방에 쉽게 녹는데, 해양 포유류는 지질이 풍부한 모유를 통해 어미에게서 새끼에게 대량의 POPs가 옮겨 간다. 극단적으로 말해 독이 든 모유를 새끼에게 먹이는 것이다. 면역 시스템이 확립되기 전인 유체가 대량의 환경오염물질을 흡수하면, 본래 자기 면역력으로 퇴치할 수 있는 독성이 약한 병원균에도 쉽게 감염되어 폐사 위험성이 증가한다.

아이러니하게도 새끼에게 젖을 먹이면 먹일수록 어미 몸에 축적된 POPs량은 줄어든다. 아직 조사 중이지만, 유체가 단독으로 좌초하는 배경에는 아마도 POPs가 어떤 영향을 미쳤을 거라고 짐작한다.

또 좌초한 고래나 돌고래는 원래 기생충 감염 사례가 많아서 폐, 간장, 신장, 위, 장, 머리뼈 내부 등 여기저기에서 기생충을 볼 수 있다. 원래 기생충은 숙주와 원만하게 공존한다. 숙주를 죽이면 기생충도 같이 죽기 때문이다. 그런데 POPs가 고농도로 축적되면, 숙주의 면역 기능이 떨어져 기생충에 의한 폐렴이나 간염이 중증화한다. 일본에 좌초된 개체에서도 이런 현상을 경험하고 있다.

POPs 영향의 전모를 알고 싶어도 생물에 따라 면역 시스템이 다르고, 개체에 따라서도 면역력의 차가 있어서 현재 시점에서 모든 것을 밝혀내기는 어렵다. 직접적인 영향이나 관계를 입증하려면 좀 더 시간이 걸릴 것이다.

POPs의 영향은 인간에게도 남 일이 아니다. 육상에서도 먹이사슬을 통해 POPs가 생물 체내에 축적된다. 따라서 육상 먹이사슬의 정점인 인간도 고래나 돌고래와 마찬가지로 고농도 POPs가 든 식품을 매일 먹고 있다.

식품 이외에도 우리 주변에는 POPs를 발생시키는 화학물질을 쓴 물건들이 셀 수 없이 많다. 스마트폰이나 컴퓨터, 게임기 등에 쓰는 난연제(難燃劑)[1]가 대표적이다. 물론 최근에는 유해성에 관한 규제도 엄격하니 합법적인 화학물질이 사용되고 있는 건 틀림없다. 지나치게 걱정할 필요는 없지만, 그것이 자연계에 일단 방출되고 자외선이나 고온에 노출되어 변화하면 어떻게 될지 모른다. 그게 아니라면 이 정도로 환경오염물질 문제가 심각해지지 않았을 것이다.

공포심을 무책임하게 부추길 생각은 없다. 하지만 개개인이 올바른 지식을 익혀 자기 몸을 지키는 일이 중요한 시기가 온 것만은 확실하다.

실제로 일본 해안에 좌초한 해양 포유류들에게서 POPs의 영향이 제법 보이기 시작했다. 돌고래나 고래를 지속해서 모니터링할 수 있다면, 그 성과는 해양생물은 물론이고 인간의 건강과도 연결된 전지구적인 오염 평가의 지표가 될 것이다.

---

[1]     타기 쉬운 성질이 있는 플라스틱 따위의 물질을 만들 때 첨가 또는 도포하여 연소를 억제하거나 완화하는 물질.

# '위가 텅 빈' 고래의 수수께끼

해양 플라스틱 중에서도 지름 5밀리미터 이하인 플라스틱(미세 플라스틱) 조각의 영향은 지금까지 간과되어 왔다. 세계적으로도 미세플라스틱의 분포 지역이나 재질, 유해성 등을 아직 제대로 파악하지 못한 상태다.

하지만 우리 조사에서는, 일본 국내에서 좌초한 고래나 돌고래에게서 지름 5밀리미터 이하의 플라스틱이 발견되었다. POPs의 일종(폴리염화바이페닐, PCBs)이 검출된 개체가 폐렴에 걸린 것도 확인했다. POPs와 폐렴의 인과관계를 입증하면, 세계적으로 연구·조사가 단숨에 진전을 보일 것이다.

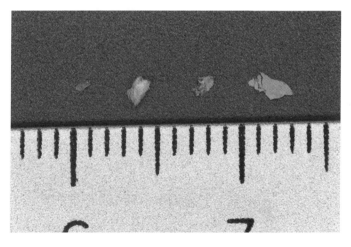

검은망치고래의 체내에서 발견된 미세플라스틱.

다만 학술 세계에서 인과관계를 입증하려면 재현성이 있어야 한다. 다시 말해 일정 수의 고래나 돌고래에게 실제로 POPs를 투여하고 폐렴이 발병했다고 증명하지 않는 한 과학적 근거로서 인정받지 못한다. 당연히 고래나 돌고래에게 그런 위험한 실험을 할 수 없다. 따라서 좌초한 개체를 조사해 얻은 사실과 비교하여 통계학적인 유의차(有意差)[2]를 이용해 상관성 유무를 제시하는 연구로 대신하고 있다.

지금까지 POPs가 앞서 언급했던 바와 같이 먹이사슬을 통해 순차적으로 이동해, 먹이사슬 최고 위치에 군림하는 해양 포유류의 체내에 늘 높은 수치로 존재한다고 설명했다. 그런데 해양 플라스틱으로 인해 POPs가 생물 체내에 들어갈 수 있다는 사실은 지금까지 간과되어 왔다.

묘하게도 해양 플라스틱이 발견된 개체의 대부분은 위장이 텅비어 먹이가 보이지 않았다. 보통은 먹이생물의 잔재인 오징어 주둥이나 물고기 이석, 뼈 등이 발견되는데 말이다. 현재 우리는 이 사실과 POPs의 관계성을 알아내느라 힘을 쏟고 있다. 한 명이라도 더 많은 사람이 이 사실을 알아주기를 바란다.

해양 플라스틱은 좌초한 해양 포유류뿐 아니라 다른 생물의 체내에서도 속속들이 발견된다. 2050년에는 해양 플라스틱 축적량이

---

2    통계학 지표 중 하나. 통계적으로 유의미하다고 결론 지은 평균이나
     비율의 차.

물고기 총량을 웃돌 수도 있다는 암울한 전망도 보고되었다.

　이는 모두 우리 인간 사회에 책임이 있다. 지금 우리는 생활 곳곳에서 플라스틱 제품을 쓴다. 플라스틱 덕분에 생활이 더욱 편리해지고 쾌적하게 살아가는 것은 분명하다. 그러나 인간 사회에서 벌어진 이런 일들이 결국 다른 생물이나 환경을 위협하는 결과를 낳았다. 극단적으로 우리 연구자들은 "그냥 우리 인류가 멸종하는 것 말고는 해결 방법이 없네."라는 말을 종종 한다. 솔직히 해양 플라스틱은 그 정도로 지구 전체의 큰 문제다. 그러나 문제의 돌파구를 찾고 다른 생물과 원활하게 공존하는 밝은 미래를 만들어 가는 것도 우리 연구자의 의무다.

　나도 편리한 생활에 익숙해질 대로 익숙해진 세대다. 그러나 좌초한 개체에서 해양 플라스틱이 발견될 때마다 이대로는 안 된다고 심각하게 생각한다. 화학적·병리학적 측면에서 환경오염을 해결할 실마리를 찾아가는 중이다.

　2021년 3월, '플라스틱에 관련한 자원 순환 촉진에 관한 법률안'이 일본 국무회의를 통과했다. 플라스틱 쓰레기 줄이기를 목표로 편의점 등 사업자에게 일회용 빨대나 숟가락 같은 플라스틱 제품의 무상 제공을 자제하라고 요청했다. 플라스틱 제품의 설계부터 판매, 회수, 재활용까지 고려한 본 법안은 2022년부터 4월부터 시행되고 있다. 한 걸음 앞으로 나아갔다고 할 수 있겠다.

# 인간과 야생동물이 공존할 수 있는 길은

국립과학박물관에서는 2016년부터 '종합 연구'라는 이름 아래 5개년 계획 5개 주제의 연구 프로젝트를 실시해 왔다. 그중 하나가 '미얀마 생물 목록 조사'로, 우리 해양 포유류 팀도 미얀마에 서식하는 해양 포유류의 목록을 작성하기 위해 참가했다.

2020년 2월, 4회 차 조사를 하기 위해 우리는 미얀마 이라와디강을 크루즈를 타고 유람했다. 언제나 바다에 있는 내가 마지막으로 강 이야기를 꺼내는 이유는 당연히 그 강에 해양 포유류가 있기 때문이다. 이라와디강에는 돌고래의 일종인 이라와디돌고래가 서식한다. 한때 강거두고래라고도 불렸다.

본래 해양성 생물은 강(담수)에 오래 있으면 몸의 삼투압 조정이 어려워 죽을 수밖에 없다. 돌고래도 그렇다. 그런데 이라와디돌고래는 '강거두고래'라는 다른 이름이 보여 주듯이 진화 과정에서 담수인 강에도 완벽하게 적응해 현재 주로 동남아시아 하천이나 하구 근처에 산다.

이라와디돌고래는 일본에 서식하지 않으므로 좌초한 사례는 없지만, 역시 멸종위기종이다. 따라서 살아 있는 이라와디돌고래를 보는 것이 여행의 목적 중 하나였는데, 메인은 따로 있었다. 이라와디강에서는 어부와 이라와디돌고래가 힘을 합쳐 '물고기를 잡는' 전통적인 어업을 한다지 뭔가. 그 어업 활동을 기록하기 위해 지역 여행사가 주최한 투어에 참가해서 크루즈를 타고 현지로 떠났다.

어부가 돌고래를 잡는 게 아니라 어부와 돌고래가 협력해서 물고기를 잡는다니, 놀라운 일이다. 세계적으로도 아주 드문 문화다.

이라와디돌고래가 배 근처까지 물고기를 몰고 온 뒤, 몰이를 마치면 꼬리지느러미를 수면 위에서 흔든다. 그 신호를 받은 어부가 그물을 물 위로 던져 물고기를 잡고, 이라와디돌고래는 남은 걸 먹는 방식이다. 조사해 보니, 이라와디돌고래와 함께 이렇게 어업을 하려면 그들과 의사소통할 수 있도록 훈련을 해야 하는데, 여기에만 4~5년이 걸린다고 한다.

그런데 왜 돌고래가 어부와 협력하는지 굉장히 신기하다. 어부에게 협력하지 않고 돌고래 혼자 물고기를 잡는 게 훨씬 간단하기 때문이다. 어부에게 협력하면 오히려 먹이인 물고기를 대부분 빼앗긴다. 그런데도 인간에게 협력하는 이라와디돌고래의 모습에 감동하고 말았다.

크루즈에서 본 이라와디강 주변의 풍경은 참 한적했는데, 이 강도 인간 사회의 영향으로 오염되어 먹이인 물고기가 격감했다. 그 결과, 이라와디돌고래는 멸종 위기에 처했다.


앞서 말했듯이 일본에서는 해양 포유류의 좌초 보고가 연간 300건에 달한다. 현장에서 조사하면서 나는 항상 생각한다. 이 개체는 왜 죽어야만 했을까, 그 원인에 우리 생활이 영향을 미쳤을까, 영

시즈오카현 마키노하라 해안에 떠밀려 온 큰머리돌고래와
양동이를 들고 바닷물을 길러 가는 나의 모습.

향을 미쳤다면 어떤 대책을 펼쳐야 할까.

그 답을 알아내기 위해서라면, 앞으로 하나라도 더 많이 좌초된
개체를 조사·연구하는 길밖에 없다. 박물관이라는 장소에서, 그들
의 메시지를 연구 성과나 표본을 통해 계속 보여 주면 언젠가 그 답
의 아주 일부가 보일지도 모르겠다.

## 닫는 글

이번에 처음 일반인을 대상으로 한 책을 발행할 기회를 얻었다. 일반 독자가 나의 경험이나 활동에 얼마나 흥미를 느끼고 재미있게 받아들일지, 솔직히 일말의 불안감을 떨치지 못한 채 글을 쓰기 시작했다.

집필 도중에 몇 번이나 포기하고 싶었으나, 그때마다 담당 편집자인 와타綿 씨와 박물관 스태프의 큰 응원을 받았고, 디자이너인 사토 아사미佐藤亜沙美 씨의 멋진 책 디자인을 보면서 점차 의욕이 생겼다. 또 아시노 고헤이芦野公平 씨의 일러스트는 자꾸만 딱딱해지는 내 문장의 분위기를 부드럽게 바꾸어 아주 친근한 책으로 만들어 주었다.

항상 조사나 연구로 국내외를 바쁘게 날아다니며 사는 나인데, 전 세계에 유례없는 감염증이 만연한 이 시기에 이 책의 집필 의뢰가 들어온 것은 어쩌면 우연이라는 이름의 필연이 아닐까. 그 타이밍에 놀랐다. 아마도 평상시처럼 생활했다면 책을 완성하기 어려웠을 것이다.

이 책을 통해서 독자 여러분이 해양 포유류의 재미와 매력을 새롭게 알아준다면, 집필의 고뇌 따위 단숨에 날아갈 정도로 기쁠 것이다.

***

책에서는 내가 이 업계에 들어온 계기를 조금 멋들어지게 소개했는데, 사실은 뒷이야기가 있다. 고등학생 시절, 감정이 풍부한 시기를 보내느라 인간관계에 지쳤던 나는(지금 생각해 보면 별것도 아닌데) 장래에는 어려서부터 좋아했던 동물과 관련된 직업을 가지고 싶었다. 그러면 사람과 접할 기회가 적으니까 좋겠다고 생각했다. 수의과대학을 목표로 한 이유였다.

그러나 동물과 연관된 세계도 당연히 그렇게 단순하지는 않아서, 수의사가 다루는 동물 중 대부분은 개나 고양이 같은 반려동물이나 말과 소, 닭 같은 산업 동물과 사역 동물이었다. 즉 반드시 동물의 소유자인 인간과 접촉해야 했다.

대학 재학 중에 그 사실을 깨달은 나는 또다시 진로 때문에 고민했다. 끙끙거리며 고뇌하는 나날을 거쳐, 그럼 야생동물이 대상이면 인간과 접촉할 기회가 적어지겠다고 단순하게 생각했다.

야생동물이라 해도 대상이 워낙 넓으니 구체적으로 어떤 직업이 있는지도 몰랐다. 일단 도서관에서 관련 책들을 읽다가 사진작가이자 저널리스트인 미즈구치 히로야水口博也의『오르카: 바다의 왕

범고래와 바람 이야기』라는 에세이와 만나 야생 범고래의 크고 아름다운 모습에 반했다. 이를 계기로 학부 시절에 캐나다 밴쿠버를 방문했고, 범고래(오르카)를 시작으로 해양 포유류에 점점 빠져들어 마침내 이 세계에서 살아가야겠다고 결심했다.

그런데 이번에 이 책을 집필하면서 깨달았는데, 인간관계에 서툰(그렇다고 생각했던) 나도 인생 요소요소에서 정말 많은 분의 도움을 받고 자극을 받으면서 오늘날까지 걸어왔다. 사람들은 서로 다양한 형태로 돕고 돕는다. 가끔은 나도 누군가를 도와주었을지도 모른다. 그렇다면 인간 사회도 뭐 그렇게 나쁘지는 않겠다고, 다소 시건방진 생각을 했다.

국립과학박물관 연구원으로서 동료와 힘을 합쳐 다양한 프로젝트를 진행하고, 수많은 사람 앞에서 말할 기회를 얻고, 책도 낼 수 있었다.

고등학생 시절의 내가 지금 나를 보면 얼마나 놀랄까.

인생은 정말 어떻게 굴러갈지 모른다.

여기에 도달하기까지 멀리 돌아가거나 좌절한 경험도 많지만, 가족과 친구, 연인, 지인 등 많은 사람의 도움이 있었기에, 또 무엇보다 멋진 동물들과 만난 덕분에 갖가지 일을 극복할 수 있었다.

늘 우리 학술 조사에 흔쾌히 협력해 주시는 지역자치단체 분들, 개체의 회수를 도와주는 다이버와 서퍼와 중장비 기술자 여러분, 또 조사와 표본 회수를 위해 하나로 뭉쳐 노력하는 전국의 연구

기관과 모든 관계자 여러분에게 이 자리를 빌려 진심으로 감사드린다.

***

나는 앞으로도 현장에서 해양 포유류와 만나고 싶다.

왜 여기에 떠밀려 왔니? 왜 목숨을 잃었니?

언제나 그들의 메시지를 놓치지 않으려고 세심하게 주의를 기울이지만, 해명하지 못하는 것도 많아 그때마다 안타까움만 짙게 남는다.

그래도 해안에 좌초한 개체가 발견되면 내일도 내일모레도 현장으로 출동할 것이다.

그 답을 제일 알고 싶은 사람은 다름 아닌 '나'이므로….

2021년 6월

다지마 유코

## 한국 울산에 있는 고래연구센터에서 상괭이를 해부하다!

어느 날, 한국의 출판사에서 내 책을 출간하고 싶어 한다는 내용의 메일을 받았다. 내 책이 한국에서 출간된다니, 생각지도 못한 일이라 정말 신기하고 놀라웠다. 이 책을 읽고 한국 독자들이 해양 포유류와 더욱 가까워지기를 바란다. 그리고 이 기회를 빌려서 10년 전 일이지만 한국에서 경험했던 것들을 한국 독자들과 함께 나누고 싶다.

예전부터 많은 도움을 받았던 서울대학교 수의과대학 수의학과의 기무라 준페이木村順平 교수에게서 어느 날 연락이 왔다. 기무라 선생은 내가 아직 학부생 병아리였을 때부터 가깝게 친분을 나눴고, 연구 쪽보다도 술자리에서 이런저런 이야기를 들을 수 있는 몇 안 되는 교수급 술친구다(웃음). 선생이 연락한 이유는 '울산에 있는 고래연구센터에서 좌초된 개체의 부검을 수십 명 앞에서 해설하면서 진행해 줄 수 있는지' 묻기 위해서였다. 네? 제가요? 울산에서요? 이렇게 진귀한 울산 여행이 시작되었다.

한국의 울산 장생포에 있는 '고래연구센터(Cetacean Research Institute)'는 국립수산과학원 소속 연구소로 2004년에 설립된, 이름대로 고래를 연구하는 국가 연구시설이다. 기무라 선생은 원래 일본에서 수의 해부학 분야 교수로 활동하다가, 현재는 서울대학교에서 육상 포유류 중심의 수의학 연구에 매진하고 있었다. 그러다가 해양 포유류를 연구하고 싶다는 학생이 생기면서 드디어 해양 포유류로 연구 영역을 넓히기 시작했다. 당시만 해도 한국은 아직 좌초 조사나 고래와 돌고래에 관한 연구가 왕성하지 않고, 고래나 돌고래의 폐사 개체를 체계적으로 해부·부검한 경험도 적은 상황이었다. 그래서 내게 화살이 날아왔던 것이다.

기무라 선생이 애써 준 덕분에 일본어가 능통한 손준혁 학생이 부검 중에 일본어를 한국어로 흔쾌히 통역해 주겠다고 나섰다. 즉 나는 일본어로 해설하면서 해부를 진행하면 되었다. 게다가 해부학에 흥미가 있는 오진우 씨와 해양 포유류를 연구하고 싶은 클로딘 선민 김 씨, 이 두 학생이 동행해 부검을 도와주기로 했고, 또 같은 센터의 수의사 이영란 씨도 함께 해부에 임하며 여러모로 도와주기로 약속했다.

이 정도로 모든 것이 준비되었다면 갈 수밖에 없다. 그래도 갈지 말지 여전히 고민하는 나를 유혹한 건 해부할 개체가 다름 아닌 상괭이라는 점이었다. 아니, 뭐라고요, 상괭이라고요…. 사실 한국 주변에 서식하는 상괭이는 분류나 계통을 이해하기 위해선 중요한 개체고, 내 연구에도 없으면 안 되는 종이다. 결국 상괭이라는 말을 들은 순간, 내 연구자 영혼에 화르르 불이 붙었다.

그림은 일본 국립과학박물관에서 만든 '세계의 고래' 포스터로,
위부터 차례로 쇠돌고래, 까치돌고래, 상괭이다.

일본 상괭이 등 중앙에 있는 융기.

상괭이(finless porpoise)*Neophocaena asiaorientalis*는, 이빨고래아목 쇠돌고랫과에 속하는 몸길이 150센티미터에서 200센티미터에 이르는 소형 이빨고래다. 아라비아해, 벵골만, 남중국해부터 일본 주변에 서식하는 아시아권 고유종이다. 해안 지역을 좋아하고 생김새가 사랑스러워서 바다를 지키는 상징이나 캐릭터로 만들어지는 일도 흔하다.

쇠돌고랫과는 전 세계에 8종이 있는데 그중 쇠돌고래, 까치돌고래, 상괭이 3종이 일본 주변에 서식한다. 쇠돌고랫과는 보통 돌고래가 지니는 뾰족한 원뿔꼴 이빨이 아니라 선단이 조금 벌어진 둥근 형태의 주걱형 또는 스페이드 모양의 이빨을 지닌 것이 특징이다. 또 3종 가운데 상괭이는 영어 이름인 'finless porpoise(지느러미 없는 돌고래)'에서 알 수 있듯이, 등지느러미가 없고 대신 오돌도돌한 융기가 있다. 이 오돌도돌한 것이 등 중앙을 따라 폭이 좁게 융기해 쭉 열을 이룬다.

한국 상괭이는 일본 상괭이보다 크고 등이 오목하게 함몰되어 있다.

조금은 학술적인 내용인데, 상괭이의 학명은 오랜 세월 동안 'Neophocaena phocaenoides'였다. 2011년에 발표된 논문[3]을 계기로 중국 양쯔강 부근보다 남쪽의 개체군을 기존대로 Neophocaena phocaenoides(Np)로 삼고, 양쯔강보다 북쪽인, 즉 한국이나 일본 주변에 있는 개체군은 Neophocaena asiaorientalis(Na)로 나누어 다른 종으로 삼았다. 게다가 이 Na는 양쯔강에 있는 개체군Na asiaorientalis과

---

**3**      Jefferson and Wang, 「Revision of the taxonomy of finless porpoises(genus Neophocaena): The existence of two species」, 2011.

울산에 있는 고래연구센터와 장생포고래박물관.
ⓒ대한민국역사박물관(2016, kogl.or.kr, 공공누리 제1유형)

그 외의 개체군<sup>Na sunameri</sup>이 다르다고 한다. 다만 이 연구는 조사한 각 지역의 개체 수에 편차가 있다. 바로 이 때문에 한국의 상괭이가 중요한 열쇠가 되는데, 같은 종으로 여겼던 한국 상괭이와 일본 상괭이 사이에 몇 가지 다른 점이 알려졌다.

먼저 한국 상괭이는 평균적으로 일본 상괭이보다 크고 가슴지느러미의 크기나 형태도 다르며, 상괭이의 포인트인 등의 융기가 불명료하고 등이 오목하게 함몰되어 있다. 게다가 일본 상괭이는 독특한 상괭이 냄새가 있는데, 한국 상괭이에게서는 거의 냄새가 나지 않는다. 우리 눈에 한국 상괭이는 지금까지 본 적 없는 새로운 종처럼 보인다. 따라서 이 연구에는 추가 조사가 필요하고, 특히 한국과 일본의 상괭이를 다양하게 비교·검토하는 것이 연구의 핵심이 될 것이다.

나 역시 상괭이는 환경오염물질 축적과 기회감염의 관계성을 연구하기 위해 오랫동안 주시하던 종이었다. 그런 이유도 작용해 한국에서의 상괭이 조사는 나에게 더할 나위 없이 좋은 기회였다.

2012년 2월, 홋카이도보다 추운 인천국제공항에 내렸다. 서울대학교에서 마중 온 기무라 선생, 오진우 씨와 철도를 갈아타며 울산 고래연구센터에 도착했다. 조사 전에 먼저 나를 포함한 여러 연구자가 참가자들에게 '해양 포유류란 무엇이고 좌초란 무엇인지, 사망 개체를 조사함으로써 무엇을 알 수 있는지'를 강의한 뒤 해부실로 갔다.

고래연구센터에서 이루어진 한국 상괭이 해부·부검 장면.
많은 사람이 다지마 유코 선생의 부검 장면을 진지하게 지켜보고 있다.

'드디어 시작이다!' 마음속의 해부 스위치를 켜고 평소처럼 부검을 개시했다. 참가자들 모두 진동하는 피 냄새나 쏟아지는 내장에도 굴하지 않았다. 또 통역해 준 손준혁 씨 덕분에 다들 의욕이 넘쳐 나의 해설과 손놀림을 진지하게 지켜보았다. 그나저나 전문용어가 가득한 통역이다! 쉽지 않은 큰 역할을 맡아 준 손준혁 씨에게 깊이 감사할 따름이다.

부검한 개체는 그물에 얽혀 폐사한, 이른바 혼획 개체로, 장기에 이상은 보이지 않았다. 따라서 위장 내용물이나 생식소, 골격 등 각종 연구 자료를 회수할 수 있었다.

무엇보다 한국의 상괭이를 부검한 덕분에 내 경험치가 또 하나 늘었다. 이렇게 모든 과정을 무사히 종료했다. 이후 정보교류회라는 이름의 만찬을 개최해서 CRI 소속 이영란 수의사나 다른 스태프와 함께 어울렸다.

한국 상괭이 해부라는 귀한 시간과 함께 좋은 사람들을 만났다는 기쁨, 한국의 맛있는 음식과 술에 입도 행복했던 추억은 내 마음 깊이 남아 있다.

# 참고문헌

- 角田恒雄, 山田格. 2003. 日本海沿岸各地に漂着したオウギハクジラ（Mesoplodon stejnegeri）の遺伝的多様性について. 哺乳類科学 増刊号 3:93-96.
- 粕谷俊雄著. 2011. イルカ 小型鯨類の保全生物学. 東京大学出版会.
- 田島木綿子, 今井理衣, 福岡秀雄, 山田格, 林良博. 2003. スナメリ Neophocaena phocaenoides の骨盤周囲形態に関する比較解剖学的研究. 哺乳類科学 3:71-74.
- 田島木綿子, 山田格総監修. 2021. 海棲哺乳類大全 彼らの体と生き方に迫る. 緑書房.
- 山田格. 1990. 脊椎動物四肢の変遷 −四肢の確立−. 化石研究会会誌 23:10-18.
- 山田格. 1993. 漂着クジラデータベースの概要. 日本海セトロジー研究（Nihonkai Cetology）3:43-44.
- 山田格. 1997. 日本海沿岸地域への鯨類漂着の状況 −特にオウギハクジラについて−. 国際海洋生物研究所報告 7:9-19.
- 山田格. 1998. 1996 年春のメソプロドン漂着. 日本海セトロジー研究（Nihonkai Cetology）8:11-14.
- 山田格, 伊藤春香, 高倉ひろか. 1998. イルカ・クジラの解剖学 −これからの領域−. 月刊海洋 30:524-529.

- Alfred Sherwood Romer, Thomas Sturges Parsons 著. 1977. The vertebrate body, 5th edition. University of Chicago press.
- Annalisa Berta, James Sumich, Kit Kovacs 著. 2015. Marine Mammals: Evolutionary Biology, 3rd edition. Academic Press.
- Beibei He, Ashantha Goonetilleke, Godwin A. Ayoko, Llew Rintoul. 2020. Abundance, distribution patterns, and identification of microplastics in Brisbane River sediments, Australia. Science of The Total Environment Jan 15;700:134467. doi: 10.1016/j.scitotenv.2019.134467.
- Bernd Würsig, J. G. M. Thewissen, Kit M. Kovacs 編. 2017. Encyclopedia of Marine

Mammals, 3rd edition. Academic Press.

- Costanza Scopetani, David Chelazzi, Alessandra Cincinelli, Maranda Esterhuizen-Londt. 2019. Correction to: Assessment of microplastic pollution: occurrence and characterisation in Vesijärvi lake and Pikku Vesijärvi pond, Finland. Environmental Monitoring and Assessment Dec 10;192(1):28. doi: 10.1007/s10661-019-7964-4.
- Cuvier, G. 1823. 3. Sur les ossements fossiles des Mammifères marins. 5:273-400. Dufour et d'Ocagne, Paris.
- Eeik Jarvick 著. 1980. Basic structure and evolution of vertebrates / Vol.1. Academic Press.
- Horst Erich König, Hans Georg Liebich 著. カラーアトラス獣医解剖学編集委員会監訳. 2008. カラーアトラス 獣医解剖学 上・下巻. チクサン出版社.
- Jones ML and Swarts SL. 2002. Gray whale Eschrichtius robustus. pp.524-536. In: William F. Perrin, Bernd Würsig, J. G. M. Thewissen 編. Encyclopedia of Marine Mammals. Academic Press.
- Kazumi Arai, Tadasu K. Yamada, Yoshiro Takano. 2004. Age estimation of male Stejneger's beaked whales (Mesoplodon stejnegeri) based on counting of growth layers in tooth cementum. Mammal Study 29:125-136.
- N. A. Mackintosh 著. 1965. The stocks of whales, The Fisherman's Library. Fishing News.
- Parry, D. A. 1949. The anatomical basis of swimming in Whales. Proceedings of the Zoological Society of London. 119:49-60.
- Sluper, E. J. 1961. Locomotion and locomotory organs in whales and dolphins. Cetacea. Symposia of the Zoological Society of London 5:77-94.
- Tadasu K. Yamada, Shino Kitamura, Syuiti Abe, Yuko Tajima, Ayaka Matsuda, James G. Mead, Takashi F. Matsuishi. 2019. Description of a new species of beaked whale (Berardius) found in the North Pacific. Scientific Reports 2019 Aug 30;9(1):12723. doi:10.1038/s41598-019-46703-w.
- William Henry Flower 著. 1885. An Introduction to the Osteology of the Mammalia. Macmillan and co.
- Wolman AA. 1985. 3. Gray whale Eschrichtius robustus (Lilljeborg, 1861). pp.67-90. In: Sam H. Ridgway, Sir Richard Harrison 編. Handbook of Marine Mammals / Vol.3. Academic press.
- Yota Yamabe, Yukina Kawagoe, Kotone Okuno, Mao Inoue, Kanako Chikaoka,

Daijiro Ueda, Yuko Tajima, Tadasu K. Yamada, Yoshito Kakihara, Takashi Hara, Tsutomu Sato. 2020. Construction of an artificial system for ambrein biosynthesis and investigation of some biological activities of ambrein. Scientific Reports 2020 Nov 10(1):19643. doi: 10.1038/s41598-020-76624-y.

- Yuko Tajima, Kaori Maeda, and Tadasu K. Yamada. 2015. Pathological findings and probable causes of the death of Stejneger's beaked whales (Mesoplodon stejnegeri) stranded in Japan from 1999 to 2011. Journal of Veterinary Medical Science 77(1): 45-51.
- Yuko Tajima, Yoshihiro Hayashi, Tadasu K. Yamada. 2004. Comparative anatomical study on the relationships between the vestigial pelvic bones and the surrounding structures of finless porpoises (Neophocaena phocaenoides). Japanese Jounrnal of Veterinary Medicine 66(7): 761-766.

북트리거 일반 도서

북트리거 청소년 도서

# 저 바다에 고래가 있어
해양 포유류 사체가 우리에게 전하는 메시지

**1판 1쇄 발행일** 2023년 6월 15일

**지은이** 다지마 유코田島木綿子
**옮긴이** 이소담
**펴낸이** 권준구 | **펴낸곳** (주)지학사
**본부장** 황홍규 | **편집장** 김지영 | **편집** 양선화 서동조 김승주
**일러스트** 아시노 고헤이芦野公平 | **디자인** 정은경디자인
**마케팅** 송성만 손정빈 윤술옥 박주현 | **제작** 김현정 이진형 강석준 오지형
**등록** 2017년 2월 9일(제2017-000034호) | **주소** 서울시 마포구 신촌로6길 5
**전화** 02.330.5265 | **팩스** 02.3141.4488 | **이메일** booktrigger@naver.com
**홈페이지** www.jihak.co.kr | **포스트** post.naver.com/booktrigger
**페이스북** www.facebook.com/booktrigger | **인스타그램** @booktrigger

ISBN 979-11-89799-94-6  03400

## 북트리거

트리거(trigger)는 '방아쇠, 계기, 유인, 자극'을 뜻합니다.
북트리거는 나와 사물, 이웃과 세상을 바라보는 시선에 신선한 자극을 주는 책을 펴냅니다.